青少年留学心理启示录

心灵成长与亲子沟通之道

王亚飞　严红　主编

广西师范大学出版社
·桂林·

图书在版编目(CIP)数据

青少年留学心理启示录:心灵成长与亲子沟通之道／王亚飞,严红主编.—桂林:广西师范大学出版社,2017.7
ISBN 978 - 7 - 5495 - 9906 - 6

Ⅰ.①青… Ⅱ.①王… ②严… Ⅲ.①留学生-青年心理学-研究-中国 Ⅳ.①B844.2

中国版本图书馆 CIP 数据核字(2017)第 145676 号

出 品 人:刘广汉
责任编辑:刘美文 李 影
装帧设计:王鸣豪

广西师范大学出版社出版发行

(广西桂林市中华路22号　　　邮政编码:541001)
(网址:http://www.bbtpress.com)

出版人:张艺兵

全国新华书店经销

销售热线:021 - 31260822 - 882/883

山东临沂新华印刷物流集团印刷

(山东省临沂市高新技术开发区新华路东段　邮政编码:276017)

开本:690mm×960mm　　 1/16

印张:17　　　　　　　字数:252 千字

2017 年 7 月第 1 版　　2017 年 7 月第 1 次印刷

定价:45.00 元

如发现印装质量问题,影响阅读,请与印刷单位联系调换。

"所谓的教育就是把一个人的内心真正引导出来，帮助他成长成自己的样子。"

不管在任何一个团队，每年送走一批批学生的时候，我都坚持亲自为学生提供行前辅导培训。在培训的最后，我都会送上同样的祝福："Take care！照顾好你们的身体，照顾好你们的学业，照顾好你们的心灵，照顾好你们的灵魂。"

我是国内最早一批送小留学生去美国读高中的人，曾经手过众多学生的留学事项，加之我喜欢跟踪留学生的发展轨迹，所以往往会持续关注一个学生长达7年、10年，甚至12年。通过在过程中一路的关注和帮扶，我深刻地体会到身处不同文化之中的海外学子，照顾好自己的心灵和灵魂的重要性。

让我用3个与文化冲击、家庭关系、学术标准有关的故事回忆一下我在这个留学心理领域所走过的路。

一 故事一

15年前，一个我送到美国的大学生开车带着3个同学外出游玩，路上发生严重车祸，4人同时住进了医院。4个学生的家长扑到我办公室请求协助办理签证，以方便他们尽快前往美国处理事故。我当时的美国老板一边安排我们操作具体事务，一边告诉坐车的3个孩子的家长到美国之后怎么起诉驾车的孩子。

这几个家长的一致反应是"愕然"。"为什么？虽然我们的孩子受了伤，但开车的这个孩子也不是故意的啊。他好心免费带我们的孩子出去玩，我们怎么能够告他呢？"

我当时也非常震惊，但我的老板说："按照中国的常理，你们是接受不了的，所以我才要提前告诉你们。你们不告开车的人，怎么能够获得保险公司的赔付？不能获得保险公司的赔付，驾车的人岂不是要赔付得更多？"

尽管我在1998年第一次踏上美国土地的时候，就已经亲身体验过什么叫文化冲击，然而这个故事给我带来的冲击依然不轻。我们那些十五六岁或者二十出头的中国留学生，心灵要承受多少次不同文化的冲击之后，才能够在那块土地上平安落地、茁壮成长啊！

一 故事二

9年前，一个孩子申请转学到美国大学。在外人看来，他可谓锦衣玉食、前程无忧：母亲是一介名人，父亲是腰缠万贯的商人，自己也毕业于省级重点高中。但是，这个孩子非常不快乐，内心充满着对未来的迷茫和对未知世界的恐惧。只要碰到在美国呆过的人，他都会问同一个问题："美国有没有歧视啊？"

为什么他会下意识地对即将前往的美国充满恐惧？后来我才了解到，他的父母离异之后，父亲曾经多年不让他见母亲，而且为了让他乖乖在家呆着，经常吓唬他。他也曾经为了赢得父亲的爱而用功读书并考进了高中名校，但在高考失利之后信心再度受到打击。而当他决定挑战自我、远赴美国的时候，又遭到父亲的强烈反对。这个孩子去和父亲沟通，被通知到办公室见面。在办公室里，这个孩子先是被父亲"晾"了两个小时，接下来的"谈判"中又被当面大吼"你滚！"还被宣布"断绝父子关系，不再拥有财产继承权"。

到达学校之后，这位学生通过MSN告诉我："这不是一条容易的路，但走出来才知道，这是一条正确的路、一条永远都不会后悔的路。非常感谢您……您给了我强有力的精神上的支撑，这对我意义重大！"

这个学生从工商管理专业转读心理学专业，后来一直读到博士毕业。

良好的亲子关系是孩子成长稳定的基石，也是家庭和睦幸福的基本保证。正是因为多年来我坚持将学到的心理学基本知识运用于留学事务的工作中，我才有能力陪伴、支持这个孩子跨越一道道的心理障碍，迈出最艰难的一步，拥有破茧成蝶的力量。

一 故事三

6年前的一个一月份的下午，一位中年女性来寻求我的帮助。她的儿子在两年前被美国某藤校本科录取，还拿到了3/4奖学金，但在大二却收到了大学发出的退学通知书。交流过程中，我问的一些问题妈妈答不出来，妈妈现场给孩子打了多个电话。我看看时间问她："这么晚了，你的儿子怎么还没睡？"妈妈叹息着说："他睡不着啊！"

一路风光无限的优等生，碰到退学这样"五雷轰顶"的事，又怎么能睡得着呢？

这个孩子被退学的直接原因是学术成绩低下，而影响他学术成绩的因素有三个：一是专业选择不当。因为父母都在一个大学工程学院当老师，这个孩子申请大学的时候也选择了某工程专业。但他只要一读工科，课程成绩就不好。当这个孩子向他的父母请求转专业读教育学的时候，他的爸爸妈妈又不同意。二是出勤率太低。美国大学在读期间，他依然花大量的时间参加社团活动、做义工，出勤率太低导致部分学科成绩很差，连拉丁舞课都挂科了。三是重新复课的考察期间又出问题。在被学校勒令休学回国之后，他并没有通过各种手段提升自己的学术能力，深刻反思自己能否驾驭某些课程，而是继续乐此不疲地做了半年义工，导致回校之后的考试成绩依然达不到学校的要求。

学校遵照流程给予这个学生一次上诉的机会。我在了解了所有的信息之后告诉他的妈妈，当时我已经找不出任何可以解释的理由。虽然如此，我还是给这位妈妈提出了3条建议：第一，希望父母能够对儿子说，他的确栽了一个大跟头，但是父母永远都会爱他。我担心这个孩子想不开，重创之下选择结束自己年轻的生命，这个结果是这个家庭无法承受的。第二，让他的妈妈以最快的速度去美国陪他一段时间，因为此时此刻父母的陪伴是对孩子心灵受创之后最大的安慰。第三，让这个孩子不要回中国，马上转到社区大学。因为当时很多大学的申请截止日期已经过了，而社区大学是滚动录取的，只有迅速申请转学才能衔接上相关的法律手续。我担心如果他回中国，很可能申请不到再回美国的签证。

我当时就预言，这个孩子不是学习能力的问题，而是选择出了问题。他在完成社区大学学业后，转入美国排名前30的学校还是极有可能的。结果超出了我的预期。这个孩子接受了我的建议，转入了藤校旁的社区大学认真读书，2年后居然又转回了被开除的学校，并且最终在藤校大学毕业。他在藤校读书时所在学院的院长还参加了他社区大学的毕业典礼。

2015年，我创办择由教育时，就希望择由成为一个有温度的企业，并立志成为"留学生成长和发展可信赖的助力者和陪伴者"。于是，我将亲子关系和心灵成长纳入了择由教育的服务体系，并花半年时间找寻合适的人协助我达成这个目标。2016年1月份，择由教育终于迎来了本科和研究生阶段修读心理学专业、哥伦比亚大学教育学院心理学毕业的王亚飞。亚飞在公司各方面的鼎力支持下，花费整整一年的时间，与同事共同完成了这本书稿的内容。

这本书一共包含4个部分。第一部分从众多具体留学事务中最需要的时间管理、压力管理等技能开篇，引导读者思考留学这一重大人生决定对留学生自身的要求；第二部分讲述留学生最依赖、最亲密的"大后方"——家庭在整个留学过程中经常面临哪些境况和问题，并相对应地提出可行的建议；第三部分关注留学生在美国期间必定会经历的文化冲击现象，提醒留学生在与学校、寄宿家庭、恋人的关系中必须作好的心理准备和需要警惕的一些严重后果；第四部分是一份关于留学过程的"全景图"，看留学生如何面对各种选择，并且如何在一次次的选择中持续、深入地完成自我探寻。

全书引用了近百个案例，其中主要引用的是赴美留学生和留学生家庭的案例，在此特加以说明。一部分案例是我的员工的亲身经历，而更多的是我们在服务客户过程中的倾听所得和感受。通过这些案例，我们更清晰地体会到了留学生和他们的家庭一路上的迷茫、惶恐、坚定和喜悦。我希望能够将自己多年在留学领域应用心理学方面的实践经验，借由专业人士的手形成一本书，从而惠及更多的留学生和留学生家庭。希望他们在准备留学，行前准备，异国学习、生活、工作以及毕业回归的过程中，因为读了其中的一些内容，从而内心更笃定，学习、生活及工作更顺利，在世界范围内拥有更多选择的自由。

　　谢谢亚飞用她多年心理学的理论知识和实践经验主持这个项目，谢谢北京大学教育学专业的徐丽华老师用她8年的编辑出版经验指导整本书从立项到写作到出版的整个过程，谢谢设计师史岳圣为本书绘制插图和封面，谢谢程亚丽老师用她多年担任报社记者的经验重组内容的结构和逻辑，谢谢王亚飞、郑惠娜、徐丽华、詹建国、张淑君、钱晶晶、张瑞、曾洪申、陈硕老师为书稿贡献内容。

严　红

择由教育创始人、总经理

2017 年 2 月 14 日

目 录

Part 1
留学意味着更高的自我要求

Part 2

关注留学生背后的家庭

Part 3

文化冲击会"撞伤"留学生吗

Part 4
在选择中持续探寻自我

Part

1

留学意味着更高的自我要求

如果到如今还以为出国留学只要把外语学好，标准化成绩考好，财力支持准备好就万事大吉，那一定会被很多人嘲笑。

越来越多的家长和孩子本身都意识到了，留学并不意味着逃脱了"千军万马过独木桥"的侥幸；相反，要成功留学对孩子的要求更高。留学过程中酸甜苦辣交织，支撑孩子们一路向前的是强大的自我管理能力和抗压能力。越早让孩子接触到时间管理、压力管理、意志力等概念，就越有助于帮助孩子培养这些能力，孩子在留学过程中就会遇到越少的磕磕绊绊。

当留学遇上拖延症之一：拖延症的症状

拖延症就像刷信用卡：刷着很爽，看到账单就傻眼了。

——克里斯托弗·帕克（Christopher Parker）

　　在我们的学生里，有相当多的孩子都抱怨过因为拖延的习惯而导致学习效率低下，无法按时完成学习任务。很多学生习惯把作业拖到 deadline 之前才开始做，然后发现时间不够了而要做的东西却太多，最后只能哭着熬夜做完。另一些学生即便一大早就坐在桌前准备写作业了，然而一天过去了依旧没有开始。逐渐地，这些学生就变成了"拖延症重度患者""懒癌晚期"。还有些学生认为"deadline 是第一生产力"，所以会选择刻意拖延到最后一刻。

　　所以拖延症是什么呢？**拖延症是指在预料到消极后果的情况下，仍旧把需要做的计划和事情推迟的一种行为。**有拖延症的人会倾向于在有紧急事要处理的前提下，先去做不太紧急的事，或者去做更令自己愉悦的事情，而把本该去做的重要事情拖延。美国的一项研究表明，80%—95%的大学生会受到拖延症的影响，这说明拖延症在学生群体中是一个普遍存在的问题。

● 拖延症的表现

第一，学生通常会过高估计自己将来的积极性。比如说，学生后天有一项作业要交，但是并不想现在就开始做，他觉得现在自己对做作业缺乏积极性，缺乏动力；但是这位学生认为，交作业的前一天晚上，自己一定会斗志满满，做作业的积极性高涨，所以他就心安理得地去拖延了。但其实，"deadline是第一生产力"并不代表他快到截止日期的时候一定会动力满满。大部分拖延的学生到了最后一刻还是缺乏积极性，但是又没办法，只能痛苦地强迫自己去做。那时他心里会想，下次作业一定早点开始做，然而改不掉拖延的习惯，只能周而复始地上演这一幕。

第二，学生通常低估了完成某些项目或者学习任务所需花费的精力。比如，某项学习任务通常需要学生花费7—8个小时才能做好，但是学生错误地预计自己大概3个小时就能做完，所以就心安理得地拖延，直到最后的3个小时。然而他一旦开始着手去做，发现3个小时远远不够完成这项任务，所以只能通过熬夜、通宵来完成作业了。

第三，学生错误地假设自己需要在完全合适的状态下开始。这种情况是，有些学生觉得自己一定要到图书馆才能开始学习，所以不去图书馆就完全不能学习；有些学生觉得一定要把房间、桌面打扫干净才能开始学习。但如果拖延着不去做清洁，那作业之类也不用说了。所以一直强调要在完全合适的状态下才能开始，很容易导致拖延。

● 留学申请中的拖延症要不得

我们曾经带过一个学生，在过程中，我们发现，她习惯性地对所有需要提交的东西都不遵守约定。有一次，这个学生去参加一个暑期峰会，在此之前她已经和文案老师约定好需要写什么、看什么以及提交什么东西。然而，她到了驻地后发现没有网络，就没有发邮件给文案老师。后来又因为峰会给这个学生带来了大量的写作任务，导致她和文案老师之前约定的事务更没空去做了。其间，这个学生既没有告诉文案老师没有网的事实，也没有解释因自己写作任务巨大的这个情况而向文案老师请求延后几天或者一周。她只说自己完成不了，结果逼得文案老师直接发飙。这个学生的拖延症还体现在文书写作的过程中。她喜欢不停地把文书给不同的人看以此来征求意见，比如某某学校的前招生官。这样一轮改下来，最后发现还是和我们文书老师最初的建议是一致的。

通过这个学生的例子可以发现，**有拖延症的人对事物的预知和判断往往是不足的**，宁愿损失自己的信用而不愿承认是预估出了问题。从个性来看，这个学生是一个特别感性的人，思维比较偏浅表性，不太愿意去面对客观现实，常常用很多肤浅的理由去拖延，并且对他人的负面评价没有什么感知。

另外，通过这个文书事件可以看到，**有拖延症的人通常会害怕做决策**。从学生的成长经历来看，她妈妈很喜欢否定她作出的选择，这让她缺乏自信。因对自己的选择怕担责任、不够坚定从而导致了拖延。本来孩子的人生经验、系统性思维和缜密度不足是很正常的，但如果父母不教她怎么去做决策，反而在这种时刻打压她的决定，在她拖延的时候帮着找借口找理由，不惜告诉老师孩子有多忙，而意识不到孩子拖延的严重问题，那结果只能恶化问题！

还有一类学生的拖延是出于对 deadline 缺乏正确的认知。这些学生从文书材料、托福考试，到成绩单和存款证明的准备都会习惯性地拖延，完全无视老师列出的 deadline，让文案老师们"一个头两个大"。文案老师往往需要使出"浑身解数"，运用"十八般武艺"去"催债"。类似的情况每年都在发生。在这一类学生的概念里，只要踩着截止日期交就可以了。这其实是个误区：首先，对文书来说，老师们还要花时间修改，不然堆积到最后一天会出现来不及做的情况，甚至出现学校网络故障等意外情况导致来不及提交申请。曾经就有学生因为类似的情况错过了第一轮录取，只能参加第二轮。另外，有些情况下申请提交得越早，学校审核得就越早。有些内部审核的名单在很早的时候就会出来，所以先申请的就会先被录取，正所谓"早起的鸟儿有虫吃"。

留学申请中的拖延症现象比比皆是，一旦"懒癌"发作，轻则deadline 前手忙脚乱，重则与"梦想校"（dream school）失之交臂。

● 拖延症的心理学原理

为了更深刻地了解拖延症，许多心理学的专家都作过深入的研究，总结出了以下几个心理学的原理。

① 快乐原则

弗洛伊德的精神分析法认为，人本能地倾向于寻求愉悦，远离痛苦，从而满足自己的生理和心理需求。在留学准备工作中，无论是考到高的SAT、TOEFL 成绩，还是写文书，对大多数学生来说，都不是一件令人享受的事情。所以在面对这些学习任务时，学生通常会为了避免负面的情绪而去推迟让人感到有压力的、不愉快的学习任务。

② 完美主义

有些学生非常追求完美主义。追求完美主义的学生通常对失败和失误有相对较低的容忍度，因为担心自己做不好，所以很难开始着手去做，因此导致了拖延。另外，追求完美主义的学生倾向于凡事作好万全的准备之后去行动，例如要学习一项运动，有完美主义倾向的学生会先去买好这门运动所需的所有器械装备，一定要确认万事俱备了以后才会开始去学，但其实学的效果怎么样呢？并不一定会比装备不齐全的情况下更好。大家可以看看在这节内容最开始部分出现的漫画图，意思就是说，如果你过于追求完美，就会导致你产生拖延症，最终反而无法开始，一事无成。

③ 应激反应

相对于乐于及时处理问题、完成任务的同学，患有拖延症的学生通常会采用负面的应激反应来面对，例如变得情绪化以及采取逃避的方式。在拖延的过程中，这样的方式充当着减缓心理压力的作用，而这些行为能让人一时痛快，因此很受爱拖延的学生的欢迎。

● **现在的你 VS 将来的你，不连贯表现——从经济学的角度来看拖延症**

2006年，两位哈佛教授，托德·罗格斯（Todd Rogers）和马克斯·巴泽曼（Max Bazerman），提出了关于拖延症的新发现：相对于将来的利益，人们更倾向于关心现有的利益。这也解释了拖延症学生的心理。比起早点完成文书的创作，获得将来的轻松感，学生更关心现在安逸的感受，从而不愿意为了将来的利益而牺牲现在的利益。因此，拖延也是一种"合理"的行为。从行为经济学的角度来看，这种不连贯（time inconsistency）体现在，当人们想到将来的时候，会作出能够获得长期利益的决定；然而当人们考虑到当下，会做出满足现下需求的决策。而当下的考虑占上风时，也就不奇怪学生会作出牺牲长久利益来保全当下的利益或感受的决定了。

了解了拖延症背后的心理原理，下一节会着重讲解克服拖延症的方法。

当留学遇上拖延症之二：拖延症的药方

　　上文中提到了拖延症中的经济学原理，那么在具体操作中应该怎么改变呢？

　　第一个方法是，可以让长远行为的利益变得更立竿见影。比如，试着让学生想象一下及时完成功课后，不再需要经历拖延作业的痛苦结果了。再比如，如果一个学生在健身，短时间内效果可能不明显，这时候如果让学生意识到，从长远来看，坚持健身会让身材变得很好，颜值更高，穿衣服更美，自己更受欢迎，那学生就更有可能抵御住当下的诱惑，按时健身了。

　　第二个方法是，让拖延症的代价更快显现。比如很多美国大学的作业、project 过了截止日期以后，晚交的作业会采取不再接受或者零分处理的结果，因此很多学生不敢冒险晚交作业，而会按时、认真地去完成。对于刚才健身的那个例子，可以告诉学生再不快点开始健身，天气就暖和了，身材不好的人就只能徒伤悲了。

　　最后一个方法是，移除生活中能引起拖延的触发。比如开始做功课时，把手机静音，关闭所有社交网站，移除房间里对功课产生干扰、分散精力的触发物。继续说健身的例子，大家在健身期间，应该把高热量的零食都藏起来、丢掉或者送给别人吃。

● 怎样高效管理和规划时间

对于拖延症的同学来说，充分有效率地利用时间一直是一项巨大的挑战。很多拖延症其实也是不擅长时间管理和规划所导致的。怎样才能解决这些问题呢？

❶ 运用正确的时间管理方法

其实在网上，在我们平时阅读的书籍中，有无数的关于时间管理的方法，适合每个人的方法也各不相同。所以同学们可以根据自己的情况，找到最适合自己的利用时间的方法。这里我要讲的方法是，每一天开始的前30分钟总是留给学习和工作，而不是打开社交软件或者时不时查看邮件。前30分钟几乎奠定了一天工作的基调。如果一开始就不断浏览社交软件，随时翻看邮件，会一直难以进入状态。很多学生下定了决心要完成某项学习任务，然而一坐下，就情不自禁地拿出手机，打开微信，刷起微博，或是打开电脑，浏览下漫画、购物网站什么的，这样一天很快就过去了，效率非常低。设定好时间规定好必须完成的任务，让自己难有借口去拖延。但是切记要设定合情合理的目标，如果目标过高，过于"理想化"，并没有实际意义，而且一旦做不到更容易打击自信心，更难克服拖延症了。所以有拖延症问题的同学，可以尝试去给自己设立一些关于时间的目标，比如早晨9：00—10：00之间做某门功课；10：00—11：00之间做另一项学习任务或者复习考试。目标明确的任务往往更能有效地克制偷懒的欲望。

❷ 增强自我意识

在完成任务的过程中，增强自我意识可以有效地管理自我，积极地监控自己的进度。很多学生很容易分散注意力，虽然经常花了很久的时间去做任务，但其实没什么效率，事情也并没有完成多少。而自我意识强的人可以更好地控制专注力，屏蔽分心的事务，从而更有效率地完成学习任务。

❸　世界上没有完美的人，也没有完美的事情

我们需要学会接受不完美，甚至失败。因为追求完美而拖延的学生，更应该学习接受自己是不完美的人，也做不出完美的事的事实。凡事力求完美会给自己带来巨大的压力，而且对结果也未必有好的影响。比如，有些学生提笔要写一篇文书，因为觉得自己写不好开头，就无从下笔；还有的时候，有些同学背单词，从 a 打头的开始背，因为背不好 a 系列的单词，就卡在那里，永远到不了 z。这里我要给出的建议是，不要纠结于是否达到完美的状态，对紧急的重要的事情最好立刻着手去做。举个例子，有位同学要写一篇论文，但是完美主义的他一直到 deadline 临近也难以下笔，总觉得自己写不出心目中那种完美的文章。最后在时间有限的情况下，这位同学只能咬牙随便开始写，最终他竟然发现随手写出的文章很不错，不比自己心中完美的文章差。

❹　把一个长的学习任务分成一段一段小的步骤来做

很多时候，我们眼前的任务看起来太庞大，甚至有点无法实现，所以很多同学干脆放弃了。事实是，即使再庞大的任务也可以分步实现，我们要学会把一个大的任务分成一个个小任务去完成，这样不仅降低了难度，而且减缓了自己心理上的压力，因而可以有计划地一步步完成任务。比如说，申请学校要有文书，要有推荐信，要有 TOEFL 成绩，要有 SAT 成绩，等等。整体上看，任务量真是大得可怕，很容易还没开始就觉得要放弃了。但是如果把留学这个大的任务分成一小段一小段目标去实现，有计划地在每个时间段侧重不同的任务，其实也没有那么难。

❺　告诉自己，你不需要"不得不做"所有的事

"不得不做"有强烈的心理暗示，让学生感到自己没有别的选择，像一个受害者一样被强迫去做这件事，因而容易引起逆反心理去刻意拖延。如果把"不得不做"换成主动的形式，我们可以试着告诉自己，这些学习任务是"我选择去做"或是"我将要做"的。这样不仅不会产生逆反的效果，

反而强调了自己的积极主动性，不容易产生拖延。另外，这种方式强调了责任在自身，而不在于别人。

⑥ 最后一点是停止错误的思维方式：事情"应该"这样做

从心理学角度说，当你谈到你应该做什么时，你在比较"理想"的情况下和不尽如人意的现状中，滥用"应该"这种思维，会唤起责备、愧疚、后悔和抑郁的情感。沉浸在这些负面情绪中，对你的学习、工作并不会有任何帮助。对于这种问题导致的拖延，我们需要停止用"应该"，停止专注于负面的情绪，试着专注于你现在做的事情，专注于哪怕只完成了一点任务之后的成就感。

● 给家长的一些建议

在这个过程中，家长可以做什么来帮助孩子克服拖延症呢？我相信，在留学的过程中，很多家长对孩子的拖延症比较头痛，花了很大的精力去管、去催，然而并没有太大的效果。

第一，家长在孩子拖延的时候，尽量试着不要去批评，而去理解孩子为什么会拖延。如果一开始就抱着指责的态度，以批评孩子为主，孩子很容易变得有防御性，产生逆反和抗拒的心理。

第二，试着给孩子更多的独立自主的空间。家长应该培养孩子的独立性，让孩子自己决定什么时候完成学习任务，以及怎么完成，把责任转交给孩子。如果孩子因为拖延造成了恶果，自己会更深刻地记住教训，而不是什么都仰仗着家长来催，若自己心安理得地被"管理"，拖延也就理所当然了。

第三，家长可以教授孩子一些解决问题的技巧。有的时候，孩子也会因为课业棘手，不知道从何下手，所以拖着不做。如果家长此时能够提出建设性、有帮助的建议和技巧，也会帮助孩子克服拖延的弊病。

第四，请多鼓励孩子，多谈论他们的长处和优势，而不是贬低打击他们。如果你总在孩子面前强调他这做不好，那做不好，久而久之孩子也许真的变得和你形容的一样了。所以作为家长，增强孩子的自信心很重要。

第五，停止为孩子找借口！ 在留学过程中，我们会发现太多的家长面对孩子的拖延状态时，他们经常的反应是帮着孩子一起找借口。比如，孩子最近课业重，要考试，等等。所以，如果要彻底改变孩子的拖延，家长在这方面也是要负责任的。只有家长改变自己的态度，选择站在老师这边，明确地和孩子规定好遵守 deadline 的重要性，强调讲究信用，停止纵容拖延，才能更好地支持孩子好习惯的养成。

最后，请详细地阐述你对孩子的期待。 很多时候，孩子并不明白家长对自己的实际要求是什么，容易曲解家长的意思。比如，有些家长要求孩子的 TOEFL 考到110分，等孩子考到了110分，家长又说你最好要考到115分，最后孩子也很迷惑，不知道该怎么做才行。

最后送一句话给大家：拖延症是机会的杀手。

克服拖延症，你准备好了吗？

守住 Deadline 才能守住学业

　　"你的成绩单怎么还没有开好？10月份都过去一半了，你想错过第一轮申请吗？""早就告诉你去办护照，开存款证明，怎么还没有动静？再不准备好这些材料，申请 I-20 就来不及，你就要延迟开学啦！""你的各类信息调查表怎么还没有返还，我还等着给你做考试、学术和实习规划，怎么你一点都不着急啊？"在很多习惯拖延任务的学生眼里，我们就像一个"债主"，整天催着他们交各种各样的材料。

　　在国内，很多学生，甚至家长都缺乏规则意识。对于约定好的最后期限，deadline 也只是一个日期：如果能按时完成最好，没按时完成，事后道个歉就好。而在整个留学规划和申请中，deadline 在把控进度、效率和质量方面非常重要。如果学生不严格遵守时间约定（特别是那些从小被父母宠坏的孩子，习惯了不遵守时间约定也不会有什么严重后果），不仅在申请中可能会造成损失，就是在将来留学生活里也可能因此吃大亏。

　　和中国人相比，美国人更有规则意识，因此 deadline 制度更为严格。在留学申请中，对我们的学生影响最大的 deadline 就是各学校的申请截止日期了。美国本科申请系统 Common App 在官网设置了截止日期时间转化功能：

根据登录者的 IP 地址定位登录地，从而显示当地时间的截止日期，甚至细化到2016年11月1日11时59分59秒。这份严谨，你能看到它背后的威信吗？

● 轻视 Deadline 的严重后果

大部分学生都知道，在申请截止日期后提交申请，申请基本是不会被审核的，但很多学生都不知道有少数学校还有一个材料截止日期。我们曾经的一个学生就是因为错过了加州大学尔湾分校（UCI）的材料截止日期导致了申请费白交，梦想学校落空了。加州大学尔湾分校的工程学院是全美闻名的院系，很多专业的申请截止日期在12月15日，并且会标注一句：学校要在12月15日前收到学生的所有材料才会开始审核。这个学生的雅思分数在12月10日出来，如果当天及时送分，15日之前学校是一定能收到的。由于这个学生的 deadline 意识薄弱，尽管我在10日和11日催了两次，他仍在13日才寄出雅思成绩。结果16日的一大早，我们收到了加州大学尔湾分校的邮件：由于您在申请截止日期当天材料仍未齐全，您的申请已被取消，申请费不予退还。看到这封邮件时，这个学生几乎崩溃："我的天呀，这是什么学校，怎么会那么死板，今天下午明明就可以收到了啊！晚24小时都不行？"之后，我们为他写了至少5封邮件向学校道歉，去争取再次审核的机会。然而一切都太迟了，所有邮件都被学校挡了回来。通过这次经历，不仅是学生，连我们都对美国人对 deadline 的严格恪守有了新的认知。

在美国，人人都说 deadline is law，即 deadline 就是法律，这足以体现美国做事的严谨和守时，以及对约定和规定的遵守。等学生们到了美国之后，面对的学术上、生活上的 deadline 就更是铺天盖地了。不同科目的教授会给出各项作业、学术项目、论文的 deadline，但他们通常不关注学生在任务过程中的进度，而只是关注学生能否按时且保质保量地完成任务。但是，如果学生不予以重视，错过了 deadline 的后果会十分严重。对中国学生来说，作业过程中"缺席了"老师的催促，但对结果有要求便成了一项巨大的挑战。我们的一个学生刚开始在美国念书的时候，有次晚交了某门课——一个占总成绩比重30%的项目，结果被教授拒绝接收了。他哭着去教授办公室求情，总不能因为晚交几天就毁了一学期的成绩呀。然而教授还是拒绝了他的要求，并严厉地告诉这个学生，从开学第一天开始，他在课上就多次强调过这个项目需要按时提交，学生如果重视就更应该避免拖延。这个学生告诉我，谁会知道教授这么不好讲话，真的会按照 deadline 来执行呢。他以为迟了几天，和教授求求情就让交了，没想到后果会这么严重。

我们的另一个学生在美国被退学，原因是4门不及格，其中3门不到40分。后经详细了解，原来是3门课的期末作业提交超过了截止日期，导致老师在截止日期当天直接给了0分，后补作业无效，成绩已登录到学校系统。这个学生退学后回到中国，再想去美国别的学校读书，但申请10多所学校全部被拒，因为成绩单上写着：不按时完成作业。后来他被一所社区学院录取了，可是签证被拒3次（因为怀疑这个学生的学术态度和信用），第四次签证遇到一个心软的签证官，佩服他3次被拒仍不断尝试的勇气才让他回到美国。这个学生之后再也没有敢错过一次截止日期。

看到以上的故事，面对 deadline，你还敢那么随意吗？

当然，面对 deadline 也并不是没有余地的。如果你在完成作业期间遇到突发事件，不能在 deadline 之前完成也有挽救的方法。比如，可以主动联系教授或其他负责人，尽早地告知对方自己可能出现的状况，为可能发生的情况做出提前预警，以防错过 deadline 而造成的你或对方的严重损失。比如，你的某项作业或项目提交的 deadline 和学校的某项比赛有冲突，或是在同一时间有太多需要完成提交的东西，你觉得自己实在精力有限，在 deadline 之前提交有困难，那么可以尽早地去和教授商量，阐述自己的情况，请求将 deadline 延期。当然，教授在看到你提出延后 deadline 的要求时，往往不会很开心。不过只要你的阐述合情合理，或提出相应的解决方案，大部分教授会理解的。而最糟糕的解决方式是，当 deadline 临近时，你知道已经完不成了，但没有去告知对方，结果就被看作不守信用的人了。

● 留学中，我们应该如何正确对待 Deadline

（1）我们应当像遵守法律一样遵守 deadline，把"征信系统"安装在大脑里，视为处事原则。如果你还没有这样的意识，请在出国留学前先建立起来，从小事做起，每件事都给自己设立目标和达成时间，如果成功达成，可以给自己一些小小的奖励，如果没有完成，则设置一些惩罚。若自制力不足则找人监督效果更佳，让自己渐渐形成遵守 deadline 的意识。

（2）在学校开学时一定要购买一本记事本，最好是学校图书馆售卖的带日历的 planner。通常在新学期的第一节课，教授们会带着学生们过一遍本学期的课程安排，以及提交作业和各种任务的重要 deadline。强烈建议用 planner 标记这学期重要 deadline 的日期，时刻提醒自己重要的时间节点，让你不至于因为忘了而错过。

（3）变被动为主动，积极用 deadline 来推动自己的时间规划意识、能力和提升效率。很多时候，学生们都感觉 deadline 就好像"债主"，每时每刻地在"追杀"自己，而自己的应对方式往往是逃避、假装无视，或者拖延到不能再拖才勉强开始做。摆脱这种尴尬局面的办法就是，变被动为主动，不再逃避deadline。当我们拿到 deadline 时，得到的不仅仅是一个提交作业日期的信号，我们还可以更好地利用 deadline，让自己更有节奏和条理。比如，学生可以根据 deadline 的时间倒推规划如何去更好地一步步实现目标。这样不仅能让我们更好地完成作业或任务，更能带给我们一个主动、积极的心态。

（4）当面对不合理或明知自己无力完成的 deadline 时，我们不应该胡乱接受而最后马马虎虎做出一个不令人满意的成果，也不应"坐以待毙"。因为若超过了 deadline，最后会被他人扣上一顶不守信用的帽子。正确的做法是，在得知无力达成 deadline 时，要敢于陈情，告知对方以争取更多的时间，甚至大胆婉拒。尽管这样做会使对方有所不满，但结果也强于上面述说的两种情况。如果你已经接受规定的 deadline 就等于作出了承诺，则应当尽一切努力去完成，而绝不应该失信于人。

（5）当我们已向对方作出承诺，但由于不可抗因素而无法实现时，务必尽量提早告知对方一切可能的风险。告知对方时，我们应当用诚恳道歉的语气，表达清楚原因和你的需求，表达你所建议的新 deadline，以及告知对方你需要什么样的帮助。

无论在留学申请中，还是到了美国之后的学习和生活中，我们都需要对 deadline 和规则更加重视更加严肃。只有学会正确处理和它们之间的关系，才能让我们面对学业的压力时减少负面的影响，做到游刃有余。

留学必修课——时间管理

　　曾经，我们听过一个家长分享他孩子的申请之路：孩子的录取结果非常漂亮，拿了8个顶尖的美国高中的offer。了解过美国高中申请的家长都知道，这样的成绩丝毫不逊色于大学申请时拿到哈佛或者耶鲁的offer。

　　巧的是，听完这个分享不久，我们就得知了一个反面故事。我们的一个学生在美国读本科，大一即将结束之时，家长才得知，孩子因为GPA过低，已经被学校警告一次，如果大二上学期的GPA没有拉回到2.5，则面临被开除的结局。焦虑的家长打电话向我们求救。通过交流，我们了解到问题的根源在于家庭教育未能培养孩子自我管理意识和能力。孩子在国内期间，妈妈为了花更多的时间、精力培养他，不惜离开了500强高管的位置，心甘情愿地做家庭主妇，全职管理孩子的学习和生活。孩子从小到大的每日日程都是妈妈全力承担：从早上喊起床，放学回来写作业，一直到晚上一遍遍地催促睡觉。不少中国的家长为了让孩子专注于学习，替孩子做了太多本不应该由家长承担的事务，然而家长辛勤付出的代价，却是剥夺了孩子的自我管理意识和能力。孩子到了美国之后，面临没有家长催促、管理的陌生环境，反而"失控了"：作业忘记提交，感觉书永远读不完，学术生活一团糟，最后只有逃避着躲起来，天天在宿舍打游戏，直到收到学校的警告。

我们的家长客户中，越来越多的人开始关注教育心理学，甚至很多孩子还在上小学的家长，也已经开始培养孩子的自我管理、时间分配能力。不少家长会来向我们"取经"，想了解如何培养孩子自控力和时间管理的能力。我们会发现，**这些能力的养成不仅仅会影响到孩子留学申请的过程是否顺利，还影响着孩子的留学是否能最终达成预期的效果，甚至影响着孩子长远的生活和职业成就。**一个时间管理一塌糊涂、自控力差的孩子往往很难有大的发展；而这方面做得好的孩子，即便身边没有父母的监督管教，也不会放任自我、耽误学业。

● 时间管理的定义

谈时间管理的方法之前，首先要谈谈时间管理的定义，以及时间管理的意义和价值是什么。一谈时间管理，很多人的第一反应就是管理时间。但实际上，时间能够被管理吗？时间能够因为你高超的管理技术而加速或者减缓流逝吗？会因此而增加吗？答案无疑是 No。**时间管理，其实是管理自己的欲望，管理自己的学习习惯，管理自己精力的分配，平衡自身学习状态与具体某一个事务的管理。**比如，以学生最痛恨的词汇背诵为例，你明明知道今天要背诵单词，但却割舍不下手机上的游戏，等到11点准备上床休息时，才开始懊恼：今天又没有完成。或者说，你终于割舍下游戏，但你却偏偏选择在自己状态最糟糕的午饭之后背诵，昏昏欲睡之下，基本就是过眼即忘。终于，你意识到自己每天最佳的记忆时间是晚上8：00—10：00，但你给自己布置的任务是"背诵单词"而不是"记忆单词"，所以你把词汇表背诵了一页，然后就开开心心地休息了。第二天回忆起来，发现自己只记住了3个单词。这个简单的例子很好地说明了时间管理所牵涉到的方方面面。

● 时间管理的意义

时间是人最基本的财富，也是最平等的一项资产。**学会有效的时间管理，我们不仅可以更有效率地完成学习任务，还能节约出时间来做自己喜欢的事，这就是时间管理的意义。**每个人每天都是24个小时，都是1周7天。差别在于，同样是背诵20个单词，A 同学用时10分钟，B 同学用时1小时，A 因此而多了50分钟来组装自己喜欢的模型或者绘画。A 同学用1个小时看完一本书而讲述出来的内容，跟 B 用了10个小时读完这本书讲述出来的基本差不多。因为 A 之前额外花费了5个小时，仔细研读了《如何阅读》这本书，掌握了阅读的窍门。他用了5个小时，为自己在未来节省了无数个9个小时。这种差别会随着人的成长逐渐放大，并导致人与人之间的距离越来越远。

在了解如何有效进行时间管理之前，我们会介绍一些时间管理原则，让大家体会到时间管理的重要性。

● 1万小时定律

很多人都听说过1万小时定律：**如果你想在某一个领域成为专业人士，基本上需要花1万个小时去进行大量的练习。**关于这点，我们家长的感悟应该很明显。无论是程序员，还是服装设计师，没有5年以上的浸泡和磨砺，很难自称为专业人士。而5年的时间差不多相当于1万个小时的工作时间（每天工作8小时 ×250个工作日 ×5年 =1万小时）。对于孩子而言，无论是想要在钢琴、游泳方面还是英文上有超越同龄人的表现，成为别人羡慕的"大牛"，都需要类似的精力投入。

不同于工作，孩子的1万个小时积累起来会更加艰难。因为他不可能做到每天8个小时练习钢琴和英文，他还需要上课，还需要完成作业，还需要跟小朋友一起踢足球，一起看电影。所以在某一个领域的专长，无法集中在某几年内达成，而是需要分布到每一天，一点一滴地积累。比如，每天练习1小时钢琴，每周练习2次游泳，每次2小时，然后坚持用8年、10年，甚至更长时间，让自己变得出众。对于孩子来说，他不一定要在某一领域成为专家，**但唯有意识到，必须以年为单位来进行坚持，必须以日为单位来固定投入，才可能卓越。**对于某件事情三分钟热度的坚持，往往难以在这件事情上有所成就。

● 二八定律

二八定律就是说：最终你所取得的成就，80% 来源于你所投入的20%。**这意味着，你所投入的另外的80%，带来的却只是20% 的收获。**二八原则在各个领域都适用，无论是企业管理中所信奉的20% 的员工产出了80% 的业绩，还是时间管理中。比如，学生在背诵单词上花费了100个小时来背诵3000个词汇，然而因为学习状态、外部环境不佳，或目标不明确等原因，100个小时中只有20个小时是真正高效的。**对于孩子而言，二八定律更多是让他们意识到，专注和有智慧地做事，能够让自己的效率超乎想象。**为了达成一个目标，看起来有很多事情需要做，但其中不少事情其实是没有必要真正投入大量时间的。比如，想要达成托福100分，可以用100个小时大量刷题而不求甚解，也可以通过20个小时精做几套题，然后深入思考技巧，举一反三来提高分数。

● 可控与非可控时间

人在社会中往往承担着不同的角色，而不同的角色对自己都提出了时间要求。比如，在学校中，你是学生，学校要求你上课和完成作业，这每天会占用你至少10个小时。在家庭中，你是亲人，父母希望和你一起吃饭并让你承担部分家务，这会占用你1个小时。这样看来，虽然你每天有24个小时，但其实属于你自己可控范围的时间，可能只是13个小时。在你可控的13个小时中，你至少需要8个小时睡眠，所以最终就剩下5个小时了。这5个小时，你还可能需要分配给足球训练，分配给舞台剧组织，分配给钢琴课，等等。

可控和非可控时间的概念，是让孩子意识到时间的珍贵，意识到管理自己的角色，掌握时间管理技巧和提升工作效率的意义。现在的孩子，承载了父母很高的期望，不仅仅是学业，还有体育、阅读、音乐、艺术等，每一项都在占有着孩子的可控时间。很多时候，父母只有先做减法，为孩子创造更多可控时间，才有可能让孩子投入到自己既感兴趣、又能带来实实在在成就的领域。

● **时间管理是个过程，而不是结果**

有些学生来向我们"取经"，听了不少时间管理的技巧之后，会立马下载各类时间管理软件，或者用 Excel 建立每日清单，开始详细而具体地罗列每日重要事项。比如，起床后花1个小时安排今日的工作内容，睡前花1个小时回顾今天的任务完成情况，等等。我们发现，这些学生把时间管理本身当成他们获取成就感的来源，而不是用时间管理来更高效地做事从而获取成就感。**这种行为是把时间管理本身当作了最终的目的，而忘记了时间管理的价值在于提升其他事项的效率和质量。**"磨刀不误砍柴工"没错，"工欲善其事，必先利其器"没错，但如果沉迷于"磨刀"而耽误了"砍柴"，那就是本末倒置了。

学会时间管理技巧，降低留学事务压力

　　我们通过上篇文章对时间管理的基本概念有所了解后，下一步就是介绍一些具体的时间管理技巧，让我们的学生明白如何更好地掌控时间、提升效率。

● 时间都去哪儿了

　　你是否清楚，你的时间都花到哪里去了呢？我们对于时间的感觉，很多时候都取决于自己在做什么。这也就是为什么很多学生感觉打游戏的时候，时间过得飞快；而临下课的每一分一秒，都很漫长。**我们只有意识到自己时间的去处，才能找到调整的方法。**

　　我们可以通过列出自己日常事务所花费的时间，来了解自己时间的去处。一个学生对自己的日常事务以及所占用时间进行了汇总，并得到了以下结果。

日常事务及占用时间

事物归类	占用时间（小时 / 周）
睡觉	50
吃饭	15
上课	30
写作业	25
聊天（电话，微信）	5
运动（足球，游泳）	4
娱乐（手机、电脑游戏，看电视）	15
阅读	10
社团活动	4
其他	10
总计	168

通过这项归类，他发现自己每周花在看电视和打游戏上的时间竟然高达15个小时！这相当于他每天花大约2个小时在手机游戏、电脑游戏、看电视、看电影等娱乐项目上。如果他能够控制娱乐时间，比如，每周只花费7.5个小时，而把剩下的7.5个小时用来阅读，基于通常一本书的阅读时间是15个小时左右，那么改变之后，每个月可以因此而多读2本书，每年可以因此而多读24本书。

我们的家长一看见孩子打游戏就十分焦虑，抱怨孩子"沉迷"于网络游戏；而孩子也会经常抱怨，每天都在上课学习写作业，玩一会儿放松一下都不行吗？如果我们给孩子做时间列表，就能更好地了解孩子具体的时间安排，判定孩子打游戏的时间属于放松自我，还是真的"沉迷"网络，从而建立好和孩子之间的沟通。

● **设定清晰的目标**

清晰的目标是分配时间的先决条件。作为学生，我们有很多的目标需要实现，并且不同时间阶段，要实现的目标也不相同。一个出色的时间管理者，会按照时间长短，如未来1周、1个月、1学期、1年，分别给自己设定不同的目标。比如，我设定了未来1周要读完300页自己选择的书籍，如果一周有5天要读书，那每天至少要阅读60页，而阅读60页大概会消耗1个小时，这就意味着你每天至少要使用1个小时的可控时间进行阅读。

　　如何设定目标也是一门需要练习的技能。比如，我们在任务清单上写下自己每日都做英文阅读，但是要求自己每日必须阅读10页英文和要求自己每日必须读懂10页英文，最终的结果是截然不同的。**设定的目标只有满足了以下4个条件才具有意义：具体可衡量，有时间约束，可实现，有挑战性。**很多时候，学生设定一个宏大又有挑战性的目标，然而具体实施的时候，发现其实是遥不可及、难以实现。这样不仅会打击学生的积极性、自信心，对目标的完成也没有任何益处。因此，目标需要在挑战性和可实现之间寻求一个平衡。

● 创建每日任务清单

　　使用 Excel 或者时间管理软件，强迫自己制定每日必须完成的任务清单，而这个过程，也是你强迫自己管理时间的过程。为了制定任务清单，你必须思考，自己每天要完成哪些工作，如何做，大概会花费多长时间。另外，从任务清单上剔除每一项完成的任务，能够让你自己的满足感即时呈现。制作任务清单也是减轻时间管理压力的手段。不少学生丢三落四，常常忘记需要做的事，或者担心自己完不成任务而感到焦虑。如果学会把任务记录下来，直观地看到每一天的具体安排，而不依赖于记忆力，会让我们执行任务和时间管理更有效率。

● 批量处理事情

　　在我们的日常生活中，有不少的事情，是可以在同一时间段集中进行处理的。这样，就能够节省你重复做一些准备工作的时间。比如，你在进行阅读训练的时候，不妨标记生僻词汇，然后在阅读训练结束之后，再进行生僻单词的记忆。这个过程，就节省了你寻找生僻单词的时间，也提升了下次进行阅读训练的效率。但需要特别注意，批量处理事情，并不是在同一个时间段做两件事情。科学家哈罗德·帕施勒（Harold Pashler）表示，当人们在同时做两种认知任务时，他们的认知能力可能从哈佛MBA的水平下降到一名8岁儿童的水平。这种现象被称为双重任务干扰。也就是说，如果你一边进行阅读训练，一边记忆单词，那最终的结果，很可能是阅读训练和记忆单词的目的都没有达成。

● 根据事情的轻重缓急决定处理次序

斯蒂芬·柯维（Stephen Covey）在他的《高效能人士的7个习惯》（*The Seven Habits of Highly Effective People*）中提出，很多时候，我们都把时间投入到紧急的事务中，而不是重要的事务，但对于最终结果有重大影响的，却是那些重要事务。很多人会从忙碌的状态中感受到存在感，而不是从达成目标、取得成就中获得价值感。很多人用忙碌的状态蒙蔽自己，避免自己有空闲的时间来面对和思考那些困难的抉择。他提出，面对一项事务，首先是需要用以下的维度对事务进行分类。

时间管理矩阵

象限	紧急程度
象限 1 1. 完成语文作业——议论文写作 2. 完成两套数学试卷	重要而紧急
象限 2 把脏衣服洗掉	不重要但紧急
象限 3 1. 练习下周钢琴比赛的曲目 2. 提醒 A 同学召开社团迎新会议	重要但不紧急
象限 4 看昨日的 NBA 决赛录像	不重要也不紧急

　　理智的选择，应该是象限1>象限3>象限2，至于象限4，则是可做可不做。

● **屏蔽可能的干扰**

　　我们的客户中，不少家长都抱怨孩子学习时无法集中注意力，本来可以快点完成的功课，要拖拉到半夜才能完成。**在时间管理中，想要集中注意力高效学习，就需要花费时间来排除可能的干扰，专注地做一件事情。**比如，写作业的时候，远离手机、iPad和电脑游戏，把漫画移出视线范围，甚至关闭房门，要求父母不要打扰，等等。不要高估自己对于诱惑的免疫能力，而要选择把诱惑屏蔽掉。对于父母而言，这一点也非常重要。我有个学生家长就喜欢在孩子做功课时，进进出出孩子的房门，美其名曰"监督孩子学习"，其实反而妨碍了孩子集中注意力。

● **有效地利用碎片时间**

　　如果你使用前文中的表格细致地对自己每周的时间花费进行梳理，就会发现，你还有很多碎片时间。比如，来回学校的地铁上，既可以用来看电视剧，也可以用来看书。睡前的半小时，既可以用来发呆，也可以用来梳理每日任务并计划明日任务清单。**每个人每天都有很多空隙时间，如何有效地利用这些空隙时间，让非生产性时间依然有产出，是非常重要的时间管理手段。**

● **寻找自己的高效时间**

　　不同的人，在每天不同的时间段，工作状态和效率是截然不同的。有人在清晨的时候精力最充沛，而夜猫子一定要等到深夜，才能静下来进行思考。所以，究竟在什么时间你感觉精力最充沛呢？在精力最充沛的时候，处理最棘手和困难的工作。如此一来，可能在最短的时间内完成这项工作。孩子们可控时间有限，无法完全掌控自己的时间，因此就更加需要利用可控时间中精力最充沛的时间段来处理各种难度较高的学术问题或者作业了。

● **学会寻求帮助**

在做任何事情之前，通过寻找之前做过此事的人，并寻求他们的指导，你可以节省大量的时间。**术业有专攻，每个人都有自己擅长的领域和短板，而死磕自己的短板，并不是聪明人的做法。** 别人的一句话就能够让你节省自己摸索的大量时间。以托福考试为例，部分学生觉得参加托福培训是自己无能的表现，但实际上，真正有经验的老师的点拨，能让你掌握一个自己从未意识到的技巧，从而能够让你马上有突飞猛进的进步。

● **给家长的一些建议**

不少家长认为学会时间管理，就是强迫学生把每一分每一秒都投入到学习上，但这绝不应该是我们掌握时间管理的目的。怀抱这样目的的家长，最终也一定无法达成预期目标，因为孩子不是机器，不可能24小时高速运转，并且时时刻刻都带着清晰的目标。散步，看漫画书，偶尔打打游戏，甚至看着星星发呆等，让孩子休息和放空大脑的活动，也可以成为重要且必需的事务。学会时间管理的技巧，我们需要掌握它的真正意义，让时间更有效地被使用，让孩子有更多的可控时间做自己喜欢的事情。这些能力的养成，不仅能对孩子的学习成绩、留学申请产生积极作用，更对孩子长远发展有益。

留学中主要的压力来源

对广大留学生来说，申请路上如同斩妖降魔，最终递交了申请，拿到了 offer，降落在了美利坚。然而现实并不像童话里公主和王子从此幸福地生活在一起那样。进入校园以后，面对着重重压力，打怪升级还得继续。

● 融入美式文化的压力

当中国留学生踏上美国的土地时，身份会发生变化，从"主流民族"变成"少数民族"，以往习惯的生活方式和文化也会面临巨大的冲击。不少中国学生在社交方面受到了局限。有些人只倾向于和中国同学交朋友，抵触和外国人交往；还有些同学完全脱离中国学生的圈子，只和外国学生玩，抵触和中国学生接触；还有些学生习惯于自己一个人，最好的朋友成了笔记本电脑，每天除了去学校上课，就闷在家里打游戏、看剧。在情感方面和在异乡的孤独感，很容易促成留学生火速"成双成对""出双入对"，而此时，留学生往往很容易忽视两人性格是否合拍、三观是否一致。在饮食方面，虽然美国大城市里的菜品五花八门，但是大部分城市的中餐馆都过于"美式"，以偏甜的油炸食物为主，大部分留学生都吃不习惯，只能"被逼无奈"慢慢学习做菜，最终进化为"一代名厨"。最后，美国的运动健身普及程度较高，几乎所有大学都配备了健身房，并且提供各式各样的运动课程。对美国人来说，运动出色、体型健美的人往往最受欢迎，不仅在异性眼中，甚至找工作期间也会有很大优势。所以大部分美国学生都很关注自己的体型，积极地参与运动，不仅精神和身体健康，甚至"颜值"也得到了巨大的提升。相反，初来乍到的中国学生们大部分都是清瘦的身材，而且很多人对健身并没有什么概念，因此在body image 方面会稍微逊色于他人。

● 学业上的压力

谈到学业上的压力，很多同学家长可能会觉得，中国的小孩都很聪明很用功，到了国外读书，一般 GPA 什么的不会有什么问题。甚至在几年前还有这样一种观点，认为出国留学的学生都是在国内成绩不好，所以送去国外轻松上名校。但是事实真的是这样吗？随着在美留学人数的增加，越来越多的学生出现了 GPA 低、挂科、作弊，甚至被开除的问题。根据《2015中国留学生白皮书》，中国学生被开除的原因中，57.56% 的原因是学术成绩差，23.29% 是学术不诚实，9.67% 是因为出勤问题。而在被开除的学生群体中，本科生的比例高达61.39%。被开除的学生里，专业最多的是理工类，高达35.02%；排名第二的是经济商管类，达到31.77%，都是我们中国学生选择的热门专业。从被开除的学生在美国的年数来看，0—1年的高达43.22%；1—2年的达到了26.21%。由此看来，学术成绩对中国留学生来讲，并不都是想象中的"Easy A"。

那么在美国的留学生于学术方面有哪些可能出现的压力呢？首先，到了美国之后，学术成绩评估标准发生了巨大的变化。很多课并不只以期中、期末考试成绩作为唯一的评估标准，而采取了多元的评估标准。比如说，很多课会采用百分比的形式来分配各项学术指标，包括小组项目、论文、presentation、大考、小测试，甚至上课发言次数和发言质量也作为课程的评分标准。这些方式对国内的"考霸"类型的学生来讲，想只靠考试成绩来取得高分是有一定的压力的。尤其是小组项目，要求几人为一个小组共同完成一个项目，需要各位成员互相之间配合协作来完成，所以对个人的沟通能力、责任心都有较高的要求。大部分美国学生都有过较丰富的做项目的经历和经验，因此对这种形式很了解，也清楚自己擅长的和弱势的方面。而国际学生一开始加入一个小组，需要协调和其他组员的工作量，则有一定的压力。另外，一些人文学科的课会以教授辅助、学生之间讨论问题的研讨会形式上课，所以学生的发言次数和质量是衡量成绩的重要部分。很多中国学生不习惯在课堂上问问题，羞于表达自己的观点，只习惯国内老师在讲台上讲课，学生在底下认真听、记笔记的模式，因此这样的评判标准对中国学生的语言能力、批判性思维能力等都是考验。

　　除了学术方面评判标准的变化，留学生们还面对着时间管理上的压力。出国前，大多数学生都由老师和家长监管，督促学业。到了美国以后，学术、生活都只能靠自己了。除了学生自己主动去向老师请教，并不会有老师特别关注学生的学习状态和时间安排。每个学生的成绩都是保密的，老师们对待"优等生"和"差生"也都是一样友善和蔼。在这样一个主要依靠个人努力和自我管理的环境里，不仅仅是上课写作业，还有生活中的各种琐事需要平衡，需要处理，所以留学对学生的时间管理能力要求是很高的。时间管理能力差的学生，往往学业生活都容易出问题。对于一些人数较多且并没有明确规定签到的课堂里，很多学生都会面对逃课的诱惑，然而一次两次之后，几次累计下来，对学生上课的积极性以及成绩，都会带来负面的影响。

● 选择和身份认同方面的压力

　　对中国留学生来说，选择方面的压力也并不小。在出国前，这些学生很少面对需要自己单独作决定的机会，家长们往往也会替孩子权衡利弊，作出决定。这样表面上看起来轻松了很多，然而也剥夺了孩子自主选择、提高独立思考、判断能力的机会。到了美国以后，会面对各式各样的选择，小到选课，大到选专业、选将来工作的方向，以及甄别身边各式各样的机会，所以太过于"妈宝"的学生很难依靠自己独立自主地作出选择。刚进入美国大学的时候，我身边有一批焦虑的同学，对专业、选课充满了不确定感，像无头苍蝇一样四处打探别人在上什么课，什么课容易拿高分，想寻找一个"大腿"抱抱。正是因为他们缺乏对自我的正确认知以及自我规划，才容易出现这些选择障碍。

在美国呆久了，留学生们慢慢会产生一些关于身份认同方面的压力。有一个词 FOB（fresh off the boat）Asian，指代的就是从亚洲刚刚来美国求学和生活的亚洲人，很多留学生就被归在了这一类里。刚来到美国的留学生们，发现美国的衣食住行、生活习惯和国内有很多不一样，容易显得格格不入。在美国，留学生们是个独特的群体，和当地人，甚至和美籍华裔都有很大区别，这也造成了很多留学生在国外难以跨越留学生的圈子。曾经有一篇在微信圈里很火的文章，讲述了留学生们活在夹缝中，既不是白人，也不是美籍华裔的尴尬，回了国还要面对很多的逆向文化冲击。但是这样刻意放大，要给每个人贴上标签真的好吗？对于身份认同的压力，留学生们要学会摆正自己的心态，不需要刻意去定义自己、界定不同群体之间的界限，要学会接受自己是谁，接纳自己的全部，无论好的还是坏的方面。

● 适应寄宿家庭和学校宿舍的压力

一部分留美的高中生，会选择住在当地的住家（homestay family）里，体验最直接的美式文化。那么问题来了，怎么样顺利度过这段特殊的生活经历，并且从中获得宝贵的经验呢？对大多数学生来说，直接空降在一个美国家庭（这里指 host family）里，最大的冲击来源于语言和文化。虽然很多学生在国内学习了多年的英文，托福成绩也不错，但是到了住家以后发现依旧存在很多沟通障碍。另外，文化的差异对学生们来说往往是个挑战。大多数美国人热情、直接、有活力，而性格内敛的中国学生，往往被认为"害羞"。很多中国学生依旧保持着在国内的习惯，放学了喜欢闷在自己的房间里，不踏出自己的"舒适区"，不喜欢和家里人交流。

另外，大部分住家的学生，出国前都是沐浴在父母无微不至的关怀下，习惯了"衣来伸手饭来张口"的生活方式。到了住家以后，成了新的家庭的一份子，往往会面对完全不同的家庭氛围和对孩子的要求标准。在美国的家庭里，即便是未成年的孩子，也要承担相应的家务，并且参与家庭事务的讨论。在我住在住家家里的那年，和家里的另外两个孩子一样，轮流洗碗，每周也排好打扫家里卫生的值日表。最有趣的是，家里的两只狗、两只猫、一匹马也要分配喂养。在国内除了学习，什么家务都不擅长的学生，住在住家里，如果被要求分担家务，自然会感到有压力。住家的爸爸妈妈是因为愿意了解新的文化，才接纳外国学生，但这并不等于他们会无条件地像父母一样照顾学生，所以请给予住家家庭足够的感恩和尊重，积极参与和分担家庭事务。

大部分去美国上大学的学生，第一年都会选择住在学校的宿舍。对新生来说，住在宿舍有很多优势。据研究表明，第一年住宿舍的学生成绩和住在校外的学生比，通常会更好，因为宿舍往往离校园、图书馆更近，方便学生们上课自习。另外，宿舍通常会要求学生购买学校食堂的餐饮计划，所以住宿舍的同学通常就在食堂解决饮食问题，没有自己做饭的压力。从另一方面来看，住在宿舍也存在很多潜在的问题。并不是所有的室友都是通情达理的"天使"，遇见不好的室友就是一场"没有硝烟的战争"，影响生活，影响心情，影响学业。另外，对大部分学生来说，在宿舍里社交的需求永远高于学术，所以除非自制力很强的学生，大部分学生更倾向于一起开 party，一起玩乐，有时也会影响到学习。

如何有效地抵抗和化解留学中的压力

上一节中，我列举了美国留学中各式各样的压力源。留学是个持续时间久的庞大系统工程，我们相信各位学生和家长在这个过程中都承担着很大的压力，随之而来的负面情绪也是无法避免的。那么有哪些处理和压力相关的情绪的技巧呢？

● **如何应对压力带来的负面情绪**

从源头来讲，我们并不需要对所有造成压力的事情负责。这里向大家介绍4个"A"方法。

第一个"A"，是**避免（avoid）**。无论是对你不想去做的，还是没有能力去完成的任务，我们都需要学会说"不"，要学会发声，为自己说话，不然随之而来的压力以及可能产生的负面情绪，都只有你自己来承受。另外，我们要努力远离让你产生压力的人，而试着让更正面积极的能量环绕自己。俗话说，惹不起我还躲不起吗？学会掌控你周围的环境，学会掌握生活主动权，如果你总是感觉被周围的事物追着跑，自然压力会大到喘不过气来。

我大学的时候因为兴趣选修了意大利语，然而学的时候非常痛苦，要消耗很多的精力才能拿到一个差不多的成绩。最终，我决定还是放弃继续学习这门课，从源头上去除来自意大利语课的压力。

第二个"A"，是**改变**（alter）。改变是指变得不同的一个过程。在不同的人眼里，改变拥有不同的含义。当学业或生活带给我们的压力增大、严重影响了我们的状态时，就有一个问题需要思考，那就是要不要寻求改变。詹姆斯·普罗查斯卡（James Prochaska）和卡罗·迪克莱门特（Carlo DiClemente）在1977年提出的改变的阶段模型把改变分为了6个阶段：（1）前意向阶段（Pre-contemplation）；（2）意向阶段（Contemplation）；（3）准备阶段（Preparation）；（4）行动阶段（Action）；（5）保持或巩固阶段（Maintenance）；（6）复发阶段（Relapse）。在前意向阶段，个体并没有意识到自己需要改变，并且会在相当一段时间里保持现状；在意向阶段，个体意识到自己是需要改变的，但是也意识到可能会遇到很多阻碍；在准备阶段，个体的改变意识已经非常强烈了，会在很短的时间里作出改变；到了行动阶段，个体开始作出改变；而到了保持或巩固阶段后，个体需要将新的行为保持一定的时间；在最后一个阶段，有些个体无法持续坚持，从而放弃了，回到了原先的状态。想要考虑改变的同学，可以参考这个模型来判断自己所处的阶段，从而制定有效的适合自己的计划。

第三个"A"，是**适应**（adapt）。当我们无法改变客观存在的环境时，能做的只有适应和重新定义问题了，比如从更积极的角度看待它。如果即使这样，问题依旧还是很困扰，压力很大，那就只能是改变自身了。如果凡事都要求完美、高标准，但是现实条件摆在那边，很多事情就只有摆正心态去适应了。往更长远看，人在一生中依旧有很多发展学习的空间和机会，所以不要只纠结于眼前的问题。很多学生到了美国以后，发现美国并不是自己想象中的天堂，即便属于发达国家，依旧存在很多社会问题和不平等的现象。适应力强的学生就会很快调整自己的心态，而不会过分纠结于自己无法改变的现状，不会受到太多的困扰。

最后一个"A"，是**接受**（accept）。很多时候，我们的负面情绪来源于我们对现实的抗拒和不接受。这个结没有解开，情绪也就还在里边。所以要学会接受现实，不要尝试控制无法掌控的事，学会放手，学会原谅自己，原谅他人。当我们真正试着去接受了以后，这个结也就解开了，问题也被我们卸下了，负面的情绪也会得到有效的调节，我们就可以积极地向前看了。

在整个留学生涯中，无论是面对"压力山大"的学习考试，还是人际关系，处理生活中的各种问题而产生的担忧、焦虑的情绪是免不了的。好多学生在这个时期心理压力特别大，担心到吃不下睡不好。那么有哪些减缓忧虑、焦虑情绪的小技巧呢？

首先，我们可以试着创建一个"担忧期"，比如可以特意地设定一段时间或者特定日期，告诉自己：这段时间是我的"担忧期"，是专门给我感受我担忧的情绪，除此以外，别的时间段我一定不可以去担忧，去焦虑。这样让自己有意识地去控制自己的情绪，不让负面情绪影响当下。也许等到了"担忧期"的时候，你的负面情绪早已烟消云散了呢。

另外，你还可以试着延迟你的担忧。比如你最近在忙着准备其他考试，忙申请的一些工作，这个时候，你可以告诉自己："我最近真的太忙了，真的没有时间去担心去处理这些负面的情绪，不如把它推迟到办完当下的事，或者赶完这些 deadline 以后吧。"和上一个技巧一样，这样既不影响当下的学习申请任务，而且很可能等你忙完这些以后，你这些情绪已经自然而然地没有了。

当你进入之前创建的"担忧期"时，你可以试着检查你的"担忧列表"，看看列表上都有哪些让你担忧的事件，根据它们让你忧虑的程度排序，或者根据当下情况作些调整。也许有些不那么重要的或者已经不再需要担忧的事情就可以从这个列表里移除了；再或许有些令你担忧的事情你想到了解决的方法，也可以把它从列表上划掉了。这样通过列表的方式来审视、整理自己的情绪也不失为一种有效的方法。

最终，也许当所有方法都没有效果的时候，你应该选择接受你的担忧，肯定它的真实存在性，肯定它对你的影响。当你内心完完全全接受了"我很担忧""我很焦虑"这样的状态时，反而内心会产生力量，负面情绪也会得到有效调节。

● 十大"思维误区"

最后，我想和大家分享一下十大"思维误区"，看看你中了哪些招。

第一种思维误区叫做非此即彼，也就是非黑即白（all or nothing）。这种思维模式的人倾向于看待所有事物都是绝对地好或绝对地坏，而没有中间的过渡带。有些学生对自己的成绩要求高得可怕，必须达到4.0，不然自己就是失败者。然而有一次如果没考特别好，或者一门成绩不理想，那这种非黑即白思维的学生就比较难以接受现状，容易出现负面情绪。

第二种思维误区叫做以偏概全（overgeneralization）。这种思维方式的学生倾向于把单一的负面事项，作为永久的消极模式。比如说，这个学生某次数学考试考砸了，以偏概全的思维方式就会得出"我数学永远考不好"的结论。

第三种思维误区叫做感官过滤（mental filter）。这种思维下的人只关注事物的负面而忽略积极的方面。比如说，有个学生被一所位置偏僻的大学录取了，感官过滤下的思维方式就会只纠结于学校不好的地理位置，而忽视了学校的教学资源非常丰富、风景优美、校园安全等正面特点。

第四种思维误区叫做否定正面思考（discounting the positives）。这种思维方式的人不接受积极事物的发生，凡事往负面消极方向看，积极的事情会被认为是侥幸，或不值一提。这种思维下的常见表现是难以接受对方的赞美，个体会认为赞美是无意义的，但是会放大别人的诋毁，甚至会认为是受到毁灭性的打击。

第五种思维误区叫做过早下结论（jumping to conclusions）。这种思维误区的人倾向于在缺乏足够证据的情况下，草率地得出消极的结论。比如说，有些学生刚到美国的时候，英文能力还比较欠缺，无法和美国同学相谈甚欢。过早下结论的思维模式下，这个学生可能会认为美国同学不和自己玩可能是讨厌自己，甚至上升到种族歧视的高度。

第六种思维误区叫做夸大或缩小（magnification or minimization）。这种思维方式的常见表现是夸大微不足道的事情，或是最小化积极正面的事情。比如说，某个学生拿到了 Top 10大学的通知，这名学生不仅没有向朋友大肆宣扬，反而认为是自己侥幸，事情是微不足道的。相反，如果某门课 GPA 低了，学生马上会放大失误带来的影响，甚至认为自己配不上这所大学。

第七种思维误区叫做情绪推理（emotional reasoning）。这种思维误区其实是跟着人的感觉走，以自己的消极感受来作判断和决定，而不是依据客观现实。比如说，如果你对一个人没有好感，他说的所有的话，做的所有的事在你看来都是不对的；如果你今天感觉很糟糕，所有事情都是糟糕的。

第八种思维误区叫做本应该陈述（should statements）。这种思维误区表现为把世界塑造成你的版本的现实，你批判自我或他人用"应该""必须"等绝对性词语，导致的结果是当现实和理想中的"应该"有差距时，你会容易产生愧疚、失望的情绪；而别人达不到你的要求时，你同样会产生怨恨、失望的感情。

第九种思维误区叫做乱贴标签（labeling）。这种思维误区极度地以偏概全，仿佛贴了一个标签，所有的行为都可以被这个标签定义了。比如说，你犯了一个错误，你不认为"我这次失败了"，而是告诉自己"我就是个失败者"。

最后一种思维误区叫做个人化（personalization）。就是说这种思维模式下的人会倾向于把不属于自己犯的错误揽到自己身上来，而忽略其他的可能性以及事实。

● 抵御压力，采用健康的生活方式

讲了这么多管理压力的技巧，那么平时生活中，怎么样保持健康的身体和心情，过上 pressure-free 的生活呢？最后让我们来看看抵御压力，采用健康的生活方式这部分。

首先，摄入健康的食物。只有吃得健康了，身体精神才会好。定期运动更是如此，让我们精神焕发，排毒减压。通常来讲，西方国家的人习惯用咖啡来提神，甚至很多人对咖啡因有瘾。但是对于很多中国人来讲，喝咖啡很容易咖啡因过量，会导致心跳加快、血压上升、易怒等负面效果。因此，减少摄入咖啡因和糖对我们的健康更有益。其次，保持足够的睡眠也是非常重要的。科学研究表明，平均每天睡眠时间达到7个小时的人最为健康，而且足够的睡眠会让人心情愉悦。最后，一定要给自己留出放松和娱乐的时间，过于紧绷和高节奏的生活，若得不到缓解，会让压力越积越大。旅途中，偶尔驻足停歇，更有利于往上攀登。

Hold 住申请季焦虑

　　托福考试前一个星期，小 E 就开始焦虑了。他会整晚睡不好觉，翻来覆去地做梦，早晨起来后感到无比疲倦。不仅睡不好，他吃东西也没什么胃口。一想到即将到来的托福考试，他感到非常紧张，不停地担心到时自己会大脑一片空白，记忆力突然下降，然后什么都写不出来了。终于等到了考试当天，小 E 一边做题一边感到肚子开始剧痛，仿佛胃在痉挛，然而自己早上并没有吃刺激性的食物。好不容易撑过整个考试，小 E 觉得自己又考砸了：成绩出来后，果然又是90多分。托福的培训老师一直都说按他的能力，考到100分完全不成问题，但他的考试焦虑症总会"定期发作"，影响临场发挥。在和小 E 沟通后，我们了解到了他考试焦虑的根源。小 E 的爸爸是一名军人，对小 E 一直要求十分严格，特别在乎他的考试分数和结果。在父亲眼里，成绩不好简直就是十恶不赦，所以每次考试小 E 都很惧怕自己考不出好分数，要去面对父亲愤怒的脸。另外，小 E 父母的感情不好，经常吵架，而吵架的根源往往就是自己成绩不好。小 E 很担心父母因为自己而离婚，每次考试时都背负着巨大的心理压力，考不好了就觉得十分愧疚。渐渐地，小 E 患上了考试焦虑症，严重影响了考试发挥。

我们还有个男学生，从小就被父母灌输成绩好的重要性：在家里，父母喜欢拿他和别人家的孩子比；在学校，老师喜欢拿他和其他学生作对比，造成了他对分数极度在乎。在我们的老师开始帮这个学生做留学申请时，需要收集他的托福和 SAT 成绩，这个学生却一直犹豫不肯给老师 SAT 和托福账户密码。在老师追问了很多次后，他报给了老师他的 SAT 和托福成绩，为了让我们信服，他连每个部分都给出了精确的分数。老师们觉得他给出的分数还不错，于是按照分数设定了排名靠前的目标学校，甚至还鼓励这个学生继续考试去冲击更好的学校。然而在整个过程中，这个学生显得心事重重，十分焦虑，让老师们很不解，明明他的标化成绩已经很高了，更应该"轻装上阵"，不应该有太多心理压力。令人想不到的是，开始申请后，老师们却发现这个学生提交的 SAT 和托福实际分数远远达不到他之前给出的分数。老师们感到十分震惊和不可思议，没想到他竟然会在自己的成绩上说谎！后来通过与这个学生家长的沟通，我们才发现他对分数执着的追求近乎扭曲：一直以来他都未考到令人满意的分数，于是就编造了 SAT 和托福成绩，幻想自己申请前会达到这个分数，却因为每次考试心理压力太大而从没考到过。

● **紧张和焦虑的情绪来自哪里**

紧张的情绪一般是面临压力的时候产生的正常的情绪反应，适当的紧张情绪可以充分调动人体的注意力，催化出人体的能量来应对引起紧张情绪的事件。但人如果长期处于紧张的情绪下，就会渐渐转变成焦虑。例如小 E 在考托福前一段时间中，吃不好睡不下，甚至注意力和理解力都会受影响。

对中国学生来说，学业的压力应该是排在第一位的。现在的学生，在每一个阶段每一个环节中都不能松懈。面对留学申请这项庞大的工程，竞争态势越来越激烈，对学生的能力要求也越来越高。和小 E 的情况相似，不少学生都经历过考试焦虑症。探究根源，我们发现，学生的心理压力往往来源于家长和学校老师对于孩子成绩的过高要求，对学生之间分数的比较，以及学生同辈之间的激烈竞争。也就是说，大部分学生不仅要承受对自己有要求的压力，还要承受来自其他同学的竞争，更背负着家长和老师的高要求高期盼的压力。

　　除了学生们的焦虑，父母们也很焦虑。从孩子的学术成绩到选择学校，从高考到准备出国留学，不少家长是陪孩子又上了一遍学。很多家长以为拿到留学申请结果就是焦虑的终点了，其实这只是开始。对孩子将来在美国大学是否转专业，申请研究生，在美国找工作还是做"海归"，父母们势必一路焦虑。我们会发现，在申请过程中父母的焦虑，往往是来源于对陌生领域缺乏认知，对美国申请标准的不确定。

● 如何调节紧张和焦虑的情绪

① 设置合理的目标

　　紧张、焦虑等负面的情绪通常来源于负面的思考模式。过高的目标往往难以达到，因而容易让我们产生负面的思考模式，比如否定自己的能力，觉得自己太笨，从而产生紧张和焦虑的负面情绪。了解自己的兴趣和性格、希望和愿景，清楚自己的优势和劣势，是制定合理的个人目标的基础，在此基础上作出客观的分析和正确的评价才能制定出适合自己的目标，而不只是盲目地和他人比较。在这个过程中，不少家长喜欢拿自己的孩子和其他孩子比，比如说："某某都可以考100多分的托福，你怎么不行呢？"每个孩子都是不同的，这样横向比较毫无意义，就好比并不是每一个成年人都能成为公司CEO。

　　那如果给自己设置了过低的目标是不是就不会产生紧张和焦虑呢？短期之内可能不会，还有可能觉得轻松。但是，设置过低的目标和过高的目标本质上是相同的，即对自己的目前情况不能客观地评价，从而不能设置合理的目标，因此错失了良机。

　　在制定了合理的目标以后，还需要为自己制定合理的完成目标的计划，包括拆分大目标到小目标，时间、精力、财力等各方面如何合理地安排。完整的计划也需要包括备用方案，以适应在实际情况中很有可能发生的变化。当时间、精力等资源有限的时候，若同时面对过多的任务，很容易紧张，陷入焦虑。这种困难的时刻，在坚守大目标的前提下，及时调整小目标，选择当时最重要的，舍弃必须舍弃的就是需要及时完成的。

❷ 及时意识到自己的情绪变化

在分享如何克服紧张和焦虑的具体方法之前，需要提醒的是：能够及时地意识到自己出现紧张、焦虑等情绪是缓解这类负面情绪的第一步。大部分人很难意识到自己情绪的起伏变化，而这样的能力需要不断地训练自己才能做到。比如，有些人会发现通过写日记，或在睡前平静地回顾一天的情绪变化会有帮助。处于情绪之中，很少有人能够保持平静心态，若在平静以后小结自己情绪变化的原因和表现过程，以及控制和消减过程，则会帮助自己更加了解自己的情绪状态和引起情绪变化的原因。

❸ 重视自己的情绪健康，对信任的人分享焦虑感

有时候，和自己信任的人分享自己的焦虑感，会有助于降低你的焦虑程度，平复你的情绪。对于学生来说，平时的学业和准备留学申请都会带来巨大的压力，产生负面情绪是在所难免的。如果身边缺少一个可以倾诉的人，容易导致负面情绪的堆积，找不到排解的出口，最终影响到我们的心理健康。有一个自己信任的人在这个过程中陪伴着自己，接受自己的无助、焦虑状态，甚至为自己提供无条件的肯定和支持，会对我们的情绪和心理健康产生巨大的帮助。

❹ 通过健康的"发泄方式"来调节情绪

当紧张和焦虑的情绪"绑架了"我们的身体和精神时，我们可以通过练习深呼吸来调节状态，放松自己：慢慢地从鼻腔吸入空气，整个过程持续大约5—6秒，吸入后保持3秒左右，然后用7秒左右呼出。多做几次简单的深呼吸练习，可以有效帮助我们平复情绪，减轻焦虑

的症状。

保持健康的情绪方面，坚持体育活动是一个很有效的方法。身体经过适当的锻炼以后，脑部会分泌化学物质，使人感觉兴奋，从而有效地去除负面情绪，同时有效的锻炼也是保持良好身体状态的有效方法，健康的身体也是良好情绪的基础。即便在学业最繁忙的时期，我们也建议学生们保持一天半小时到一小时的时间进行运动，这样不仅可以缓解焦虑和紧张的情绪，还能提升学习的效率。

不同的人会有不同的适合自己的"减压"方法。有些人觉得找个空旷的地方，大喊大叫能缓解情绪上的紧张；有些人觉得歇斯底里地大哭一场能让自己"排毒"；还有人会觉得陪小动物玩能让自己更好地放松。学习生活中，焦虑和紧张的情绪是难以避免的，重要的是要学会找到适合自己减压的方式，才能让自己走得更好、更远。

培养意志力，有效管理留学生活

　　长期以来，我们的孩子都已经习惯了在家里被父母、在学校被老师监督的生活，习惯了在父母和老师的督促下完成作业、复习功课。换句话说，他们习惯了被安排好的生活。可是到了美国，特别是到美国读高中和大学，这些孩子脱离了父母和老师的监督，终于可以过上自由自在的生活了，他们的学习和生活会变得更好吗？

　　遗憾的是，在国内被"管"得越紧越细的学生，到了美国，越容易遭遇诸如自控失败、拖延症这类问题的困扰。自控需要意志力。决定一个人能否成功的后天因素中，意志力排在第一位。因此，家长有必要在孩子申请美国留学准备期间，培养孩子的自控力，让孩子学会安排自己的学习和生活。

　　意志力与自身的快乐和幸福往往是息息相关的，没有意志力就没有幸福的未来。然而我们身处的社会，诱惑无处不在，光靠意志力并不能帮助我们抵制所有的诱惑。因此，家长还有必要帮助孩子构建良好的习惯体系，因为一旦养成良好的习惯，自控就会变得更容易。

● 意志力的重要性

在强调意志力的重要性之前，我们先来看一些常见的"场景"：周末晚上，你计划阅读历史课的阅读书籍，但是到了书桌前，发现手机微信在响，你心想着就看一会儿。结果一来二去，当自己回过神来时，1个小时已经过去了，该看的书一页都没读完……

你原本计划晚上花3个小时完成 term paper，但是过了3个小时你还是没开始行动。尽管这时候你也会焦虑，但是心想，反正3小时都过去了，结果继续拖延下去……

最近你花了很多钱，被父母警告不能再乱消费，不然就断你的零花钱了。为了省钱，你到淘宝想淘些性价比高的衣服，结果半天过去了，最后你草率地买下一堆不是很喜欢还特别贵的东西……

很多人都会有该完成的计划完不成，下定决心要做的事情不了了之，说好的减肥计划结果总是反弹这类经历，而这一切都与意志力相关！

罗伊·鲍迈斯特（Roy Baumeister）和约翰·蒂尔尼（John Tierney）在《意志力》（*Willpower：Rediscovering the Greatest Human Strength*）这本书中提到，真正能左右成绩的只有一个品质——自控，这个品质是学业成功的秘密。统计表明，想要预测一个学生的大学成绩，自控能力甚至是比智商和入学成绩更好的指标。同时，在职场上自控力强的人也更受欢迎，更容易成功。

● 如何培养意志力

既然意志力如此重要，那如何培养提升自己的意志力呢？

❶ 培养意志力：像锻炼肌肉一样锻炼意志力，同时长期目标只定一个

实验表明，意志力其实是一种生理机能。《意志力》这本书认为，意志力像肌肉一样，经常锻炼就会增强，过度使用就会疲劳，这也是有时人们会难以抵挡诱惑的原因。每个人的意志力是有限的，就如同银行存款，我们如果在 A 事情上消耗了大量意志力，就会在 B 事情上难以自控。

这给我们的启发有两点。

第一，我们要像锻炼肌肉一样锻炼提升我们的意志力。比如坚持每天长跑3公里，当我们可以每天坚持做一件小事时，我们就能提高意志力，在其他方面也变得更自律。

第二，当我们要制定长期目标时，一次只给自己定一个目标是明智之举。比如不要在减肥期间写复杂的论文。定的目标很多，就会消耗我们的意志力，最后导致所有目标都无法完成。同时，我们可以把重要的事情放在我们意志力相对比较强的早上完成。

❷ 培养意志力：依靠葡萄糖提升意志力

《意志力》提到一个很有趣的实验，参与实验者在喝了加糖柠檬汁或奶昔之后，意志力会较快恢复到实验前的水平。这是因为意志力是一种脑力，像其他所有的脑力活动一样，需要消耗同一种养分：糖。如果一个人体内葡萄糖含量足够，情绪就会比较稳定，做事情也会更有耐心。因此，含有葡萄糖的甜食能够迅速提升人的意志力。这意味着，如果我们学习或工作累了，可以在下午吃点点心，补充葡萄糖来提升我们的效率。

虽然甜食和各种精加工零食都能帮助人快速恢复自制力，但是这些食物容易造成血糖快速升高之后又快速下降。如果我们长期依赖它们，我们的意志力就会变得来得快去得也快。为了维持意志力，我们可以多吃粗粮、蔬菜、水果、肉类等有助于维持血糖稳定的食物，让我们的意志力有可靠的能量来源。

❸ 培养意志力：依赖自我意识和自我监控

当我们拥有越高的自我意识，就越能监控自己的行为。《意志力》这本书提到一个实验，复活节当天，一群孩子拜访一位心理学者的家索要糖果，他们被带到一间放了很多糖果的房间里，被告知只能拿一块糖。如果房间里放一面能照到他们的镜子，这些孩子就会按要求只拿一块糖；如果房间里的这面镜子是反着放照不到他们的，他们往往会多拿几块。由此可见，自我意识对意志力有重要的作用。

　　另外，监测和记录是有效提高自制力的办法。现在网上有各种软件和 APP，可以帮助我们记录自己的工作时间、睡眠量、运动量等，这些数据化的监控能帮助我们从量变到质变。比如说，如果我们想提高自己的学习效率，减少熬夜赶作业的次数，就可以利用这些 APP 记录我们每天做的事情以及每件事情花了多少时间。记录一段时间后，我们就能根据自己的实际情况调整我们的习惯。如果发现晚上花在微信聊天和刷朋友圈的时间太长，我们就可以有意识地减少自己使用微信的时间，来提高学习效率。

● 构建良好的习惯体系，减低对意志力的耗损

　　相信很多学生都有这类经历：暑假前雄心勃勃，给自己制定了一系列的目标，比如阅读10本书，坚持每天长跑6公里来达到减肥的目的，每天背半小时英文单词，预习下学期要上的2门课，等等。结果一个暑假过去了，我们什么都没完成，还养成了晚睡晚起、暴饮暴食的坏习惯，最后一称，还胖了4斤！

　　是我们的意志力变弱了吗？非也！

　　虽然意志力非常重要，但是保证我们高效运转的其实不是它，而是依靠后天构建起来的强大的习惯体系。因为意志力有限，要想降低对意志力的消耗，提高效率的最好方法是形成习惯。

　　《习惯的力量》（*The Power of Habit*）这本书提到，习惯是我们刻意或深思后而作出的选择，即便过了一段时间不再思考，却仍继续着每天都在做的行为。这是我们神经系统的自然反应。习惯成形后，我们的大脑进入省力模式，不再全心全意地参与决策过程，所以除非你刻意对抗某个习惯，或是意识到其他新习惯的存在，否则该行为模式会自然而然地启动。

　　因此，我们一旦养成习惯，就会自动做这件事而不会消耗我们的意志力。打个比方，如果我们已经习惯了每天睡觉前看半小时书，那么就不需要再耗损我们的意志力逼迫自己完成阅读的任务，一个暑假读10本书的任务也在不知不觉中就轻松完成了。

● **如何养成好习惯**

在《习惯的力量》这本书中，作者查尔斯·杜希格（Charles Duhigg）认为，习惯形成依赖4个部分：触机（cue）、惯性行为（routine）、回报（reward）和信念（belief）。

因此，要想养成一个好习惯，我们需要以下4个步骤。

（1）**给自己设定一个简单易行的触机。**举个例子，如果我们想养成每天早上背英文单词的习惯，就可以把单词书放在我们一睡醒就可以看到的床头。

（2）**见到触机后，建立一种行为习惯。通过重复、重复、再重复的过程，让这个行为变成惯性行为。**接着之前的例子，我们每次背完单词，就在一个专门的笔记本上记录单词，并养成习惯。

（3）**为这个行为找到"奖励"（回报）。**这个奖励要大到足够让我们产生某种渴望，这种渴望要让触机不仅触发行为，更触发我们对奖励的渴望感。比如说，这样每次记录的单词越多，自己的成就感（回报）也就会越强。

（4）**让自己有坚持下去的信念。**这种信念可以有两种获取方式。第一是形成小团体，比如说和朋友一起坚持健身减肥，这样就可以互相鼓励督促。第二是从信仰中获取力量，比如说为了增加自己的回报，我们甚至可以每次背完单词，就奖励自己吃一块巧克力或者看一集自己在追的电视剧。

不管是培养意志力还是构建良好的习惯，都不是一件容易的事情，但是一旦我们付诸努力，这将帮助我们更好地完成自己设定的目标，成为更好的自己。

再踏一步，跨出留学"舒适区"

　　最近微信圈里一篇文章《美国大学教授：不论我怎么鼓励中国学生，他们就是不说话》火遍了整个家长圈。这篇文章的作者是哥伦比亚大学教育学院的林晓东教授。在文章中，他讲述了一些中国留学生在美国课堂的"痛苦经历"：不少中国学生在美国大学里面临着巨大的挑战，因为他们无法像美国学生那样擅长课堂讨论、提问题，或是发表自己的见解。有些中国学生甚至患上了"课堂讨论恐惧症"，不仅在课上插不上嘴，平时临近上课时还会出现生理上的紧张和不适。

　　我在美国念大学的时候，很多中国同学也是这样的表现，在课堂上一贯"沉默是金"；还有些学生在开学的第一节课上发现评分标准是依据学生讨论中发言的次数和质量后，会"知难而退"，毅然决然地换课。对更多的中国学生来说，他们更欢迎不需要进行小组讨论的课程，最好是传统的教学模式：教授在前面讲课，而自己只负责考考试、写写作业就能拿高 GPA。作为土生土长的中国人，我们习惯了在课堂上听老师讲课，极少发表自己的意见或是进行学术相关的小组讨论，而作为非英语母语的外国人，对比之下，这方面的劣势就更明显了。但是，课堂讨论和提出批判性的问题是一种重要的学习手段，所以，如果一味保持安静，中国学生不仅会丧失培养自己表达能力、思维逻辑的机会，还会错过很多学习的可能性。

　　很多中国学生觉得踏出这一步好难，"舒适区"之外是未知的恐惧：万一我想不出什么建设性的问题或答案怎么办？万一其他人嘲笑我的英语口音怎么办？万一其他人觉得我的观点太愚蠢怎么办？万一……怎么办？我怎么才能踏出"舒适区"，真正突破自己？

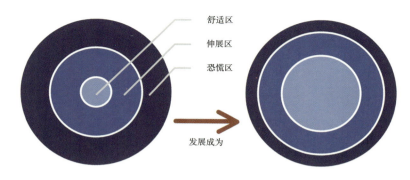

图1　如何踏出舒适区

● 我们为什么要踏出"舒适区"

"舒适区"是一种心理状态或行为模式，在这种状态里，人会感到舒适、放松、稳定，并且充满了掌控感。同时，这种状态下的行为也遵循着固定模式，缺少压力和焦虑。一旦越出了"舒适区"，人们往往会感到焦虑、恐惧和不确定。对于所有人来说，保持令自己舒服的状态是最不费力的，然而在很多情况下，一味寻求舒适和无压力的状态对我们的成长和发展并没有什么益处。

对于留学生来说，在美国的课堂里做个"安静的学生"不仅舒服而且十分容易，教授和同学不会强迫你张嘴，也不会强迫你去锻炼你的批判性思维，更不会强迫你去提问、去发表观点。如果你是对自己的成绩、能力没有要求的学生，可以选择呆在自己的"舒适区"里做个旁观者，不去迈出那一步，往往几节课就这样随随便便地混过去了，过不了多久整个学期都这样结束了，再没多久你就已经毕业了。

另外，在课堂上做小组项目时，很多中国学生会主动寻找其他留学生小伙伴组队，而巧妙避开美国同学。有些同学认为，相比于和美国人一起做项目，找中国同学做组员有更多优势：比如语言相通，文化相同，沟通起来更方便省事；而和美国同学交流起来，难免会有语言词不达意的时候，还有些同学担心由于文化的不同导致自己说的话会不小心冒犯到美国同学。综合下来，和中国学生组队更加方便，更加"安全"。然而在美国课堂的评判标准下，全是中国人的小组项目或演讲往往分数都不太高：站在固有的中国定式思维里，如何能摸索到美国的评判标准？最好的方法依旧是踏出自己的"舒适区"，试着和美国同学组队一起做项目，学习他们的思维方式，适应多元的团队文化，更好地摸索到美式的评判标准。这个过程可能一开始会很痛苦，和林教授文章里描述的一样，你可能在一旁完全插不上话，只能眼睁睁地看其他人自由自在地发表"高见"，自己只有附和的机会。如果你能坚持下去，强迫自己"张开嘴"去说，即便只是从重复他人的观点开始，也会慢慢在语言表达和逻辑思维能力方面有提升。

　　除此以外，不少中国留学生进入美国校园后，对全英文的学习环境感到不适应。有些学生会选择先从国内买中文课本对照来看或者写论文时偏好查阅或引用中文文献，甚至有学生习惯写论文时先用中文写一遍，再翻译成英文。总是选择先阅读中文课本或用中文写论文，不仅会浪费大量时间，并且对快速适应全英文学术环境并没有太大帮助；如果一味查阅，引用中文文献，也容易出现数据不精准甚至错误的情况。呆在自己营造的"中文舒适区"里并不会安全，只有迈出那一步，努力在全英文的学习环境里幸存，才能解放自己，更快更有效地适应留学环境。

　　不仅在校园里，在美国求职阶段的有些中国学生依旧选择了"舒适区"：参加学校或公司举办的职业活动时，只选择和中国校友社交。选择和同样背景文化的人社交，当然能更快更轻易地拉近关系，但同时也放弃了其他更广阔的机会。很多同学会抱怨，"和美国人没啥可聊的，不知道怎么和他们社交，我还是更适合和中国人打交道"，或者是，"美国人为啥会帮一个外国人推荐工作？还是找中国人吧"。我在美国念书时，身边有不少同学在求职社交阶段对美国人和中国人"一视同仁"，并且最终通过美国校友拿到了名企录取。其中就有一个女同学坦言，在美国的中国人本来就是少数群体，如果一味地和中国人社交，那能有多少机会呢？刚开始她也会觉得和美国人社交是一件令人不舒服的事，但一旦踏出那一步，她就发现这一切没有她自己想象的那么"恐怖"，相反，很多美国校友会真诚地给她提供建议，并帮她把简历转发给招聘的部门。

● 为何踏出"舒适区"会让人感到恐惧

对很多人来说，阻止他们鼓起勇气探索未知区域的原因之一是对"舒适区"之外的恐惧。这是为什么呢？"舒适区"内是让我们感到舒适、安全、完全可以预料掌控的小天地，虽然没有太多新鲜刺激，我们也习惯了这种没有压力没有焦虑的心态。相反，"舒适区"外是未知，踏出去你有可能获得意想不到的收获，等待你的也可能是一场惨败。对大多数追求安稳的人来说，仅仅是想象一下"舒适区"外的经历，就足够让人心惊胆战了。然而，踏出"舒适区"的意义不仅仅是为了取得成功，更是为了拓宽我们的眼界，促使我们成长！

● 如何踏出"舒适区"

在"舒适区"里呆着，就仿佛驾驶汽车的自动行驶档，平稳却缺乏冲劲；跨越"舒适区"，虽然面对着不确定和挑战，但是却有可能实现突破，获得成长的机会。以本节开篇的故事为例，想要踏出课堂上的"舒适区"，中国学生首先要做的是**不怕丢脸**：很多学生在课堂上不好意思提问题，参与讨论和发表意见，更多的原因是担心自己表现不佳，别人对自己产生负面的看法，丢了面子。很多时候，这些忧虑和恐惧都是毫无事实依据的，反而更多的是源于自己的心理状态。只有调节好自己的心态，放轻松，给予自己更多的信任和肯定，才能更好地踏出这一步。

选择直面你的恐惧，并意识到踏出"舒适区"最糟糕的结果无非就是失败而已。你冒着风险去尝试了，结果并没有很理想，然而最差的结果不过如此，并不会对你剩余的人生造成影响。又或者是你尝试了，结果出人意料地成功了呢？直视自己所畏惧的东西，会发现其实并没有想象的那么吓人，但如果因此而不去尝试，你永远都不知道自己能做到什么程度，结果到底会怎样。

学会与冒险和平共处。"舒适区"之所以让人舒服，让人放松，是因为你能预料到会发生什么，你完全能掌控住一切；而"舒适区"之外是未知，是不确定性。如果你想要不断超越自己，突破"舒适区"，就需要学会与不确定性和平共处。首先，你需要**"学会接受"**，接受世界本来就是一个充满变化的地方，事情可能进行得不尽如人意，也可能是朝另一个方向发展，所以有了对失望的容忍度和准备，可以有效地减轻失败带来的打击。另外，当你决定去做一件事情时，把对事情本身和对结果的追求分离开，可以有效减少对不确定性的恐惧感。比如说，你决定尝试在课堂上发表自己的观点，你更加关注的是自己这个勇敢的举动本身，而不在于你的言论是否让教授和其他同学感到惊艳。

在人生中，大多数的成功和壮举并不源于"舒适区"。只有踏出了自己熟悉的"舒适区"，才有机会去实现个人成长，去发掘未知的潜力，去经历新的事物，去丰富自己的人生。这不仅仅适用于在美国的校园生活中，在人生的任何一个阶段都可以思考这种可能性。

关注留学生背后的家庭

　　孩子都是家庭的镜子。每个孩子的身上都不可避免地带着来自家庭的烙印。留学行业接触到的家庭千姿百态，最让人心生羡慕的就是和睦相处、共同实现目标的父母和孩子；而最让人唏嘘不已的，就是不少家长还处在无知状态，以爱的名义给孩子带来伤害。

　　庆幸的是，如今亲子关系逐渐成为一个被高度关注的话题。准备送孩子留学和孩子正在留学的家长们不能不认真思考，什么样的家庭环境和沟通模式才能最好地帮助孩子留学成功，让整个家庭从留学中获益。

别踩家庭沟通陷阱

　　每个家庭都是不同的，每个家庭的交流方式也不尽相同。

　　很多中国的家庭里，夫妻之间、亲子之间的沟通存在着各种问题。作为心理学的专业人士，我在多年学习和提供教育心理咨询的这一年中，接触了很多以家庭为单位的案例。大部分客户抱怨痛苦的根源来源于家庭的沟通问题。通过面谈一些留学家庭并和顾问老师进行沟通，我们发现，家庭沟通问题并不仅仅出现在需要提供心理服务的场所。这些留学家庭的经济状况普遍比较好，但是亲子沟通问题依旧普遍存在。

　　据我们的观察和了解，相当一部分国内的家长完全不懂如何和孩子正确地沟通，因而造成了很多的负面影响。比如，家长和孩子之间的关系疏远，给孩子的学习成绩、成长轨迹、心理状态造成不良影响，等等。心理学研究表明，在负面沟通模式家庭中长大的孩子，更容易受到抑郁症和焦虑症的困扰。然而，大部分家长意识不到问题所在，和孩子一直保持着这种负面的沟通模式。

　　那么常见的一些亲子沟通的误区是什么呢？

● **亲子间沟通的缺乏**

在很多中国的家庭里，父母和孩子之间根本没有沟通。一部分原因是家长太忙于工作，忙于事业，没有空和孩子去沟通；还有些家长不懂得如何和孩子进行沟通；再有一部分家长觉得没必要和孩子沟通。这部分家长觉得：我工作那么辛苦，努力赚钱供你生活，供你读书，让你衣食无忧，就已经是尽到了作为父母的责任。我们的一个学生，他的父亲是个成功的生意人，但父亲基本不参与家庭生活，全由妈妈包办。更夸张的是，两个儿子如果要见爸爸，需要提前两周预约。这样的亲子关系导致两个儿子都出了问题。小儿子从小就不停地被要求补课，以至于到初中的时候对读书达到了厌恶的程度。大儿子沉迷于打游戏，爸爸一发现就把所有游戏设备扔出去，并且大儿子一直担心爸爸会把自己扔在国外，至今连出国旅游都不肯去。

比起物质，孩子其实更需要来自父母的爱、关注和交流。心理学研究表明，如果父母缺乏对孩子的关注和沟通，孩子容易变得不自信，自尊心也会受到损害。父母对孩子的关注其实是一种肯定，而不与孩子沟通交流的父母，会让孩子怀疑自己的价值，觉得自己不够好，是不值得父母关注的，从而缺乏自信心和自尊心。另外，和孩子之间缺乏沟通，忽视孩子，其实是一种情感上的虐待。长期在这种家庭环境里成长的孩子，将来很难和他人形成长久的、健康的亲密关系。

● **沟通≠家长专制**

很多家长打着沟通的名号，其实并没有把孩子放在和自己平等的位置上，更没兴趣听从孩子表达自己的想法，依旧表现得很专制、很强势。曾经有个学生说，他妈妈可以坐他面前连续讲两小时，且期间一口水都不喝。学生表示："我一只耳朵都不进，自己封闭起来就好了。"**沟通是一个双向的过程，两个人在沟通的过程中，既有输出，也有输入。**只会单通道自顾自地说自己想说的话的父母，并不懂得沟通的真正意义，也不关心孩子是怎么想的。于是，在这种家庭中成长起来的孩子，容易呈现一种多元的状态，面对家长、老师、朋友展现的都是不同的状态。孩子展现了多面性，就没有办法形成很强大的自我力量。如果父母和孩子有较好的沟通，对孩子的未来发展会更有益处。

● 勿以自己的生活经验作为标准

我们对事物的评判标准，往往来源于自己对生活的认知和感受，而这样是有局限性的。家长会倾向于用自己的生活经验作为标准，来看待孩子的生活和学习。记得我过去在美国念大学的时候，虽然开学后大家都忙着赶作业，做 project，写论文，但是一放假，同学们会纷纷去旅游，比如去国家公园领略大自然风光，去迪士尼乐园感受童话世界，或者进行海岛游、城市游。我的一个同学的家长就不让自己的孩子出去玩，她说："放假了不要出去'疯'，应该提前把下个学期的课本拿来作预习，这样下个学期就会比较轻松，成绩就会好。"这就是典型的用国内的思维来看美国的学校。在美国的大学里，每个学期的课都是自选的，不是固定安排好的。课程需要什么样的课本教材，往往只有开学以后教授才会告知你，所以几乎没有学生会提早学习下个学期要读的课程。我还听到过另一个同学的家长对孩子说："你在美国念大学的时候，千万不要恋爱，别耽误了学习成绩，成绩好是最重要的。"这种观念也是典型的国内思维，这位家长觉得在大学恋爱也属于早恋，担心恋爱会影响孩子的 GPA。而在美国，并没有早恋影响学习的概念，大部分人在大学期间已经有了相当丰富的恋爱经验，并且懂得如何去平衡学业和生活。

另外，大家也许在新闻上看过，有的留学生触犯了法律，父母赶到美国之后，竟然会想到用钱贿赂他人来"摆平"。这也是家长依据在国内多年的生活经验来衡量国外标准的体现。在留学的过程中，很多家长会谈自己当年是付出了巨大的努力和艰辛才达到今天的成就的，而孩子现在成绩不好是因为不够努力。然而整个时代环境都在变化，家长的生活经验在他们生活的年代会有帮助，但不代表完全适用于孩子现阶段的情况。孩子也会觉得家长不理解自己，帮不了自己，因而抗拒和家长的沟通。

● **正确表达真实的情感**

　　不去表达真实的情感在我们中国的家庭中是非常常见的。传统中国家庭中的父母，尤其是父亲，几乎不会对孩子直接表达自己的真实情感，家庭成员之间也缺乏情感交流。这里分享一个之前的学生的故事。最初的时候，这个学生考托福考得一塌糊涂，只有60分。他爸爸只有不停地交钱让学生去培训机构。然而，不管去哪个培训机构，这个学生都能成功地把老师气哭。后来我们了解到，这个学生平时一个人住，如果饿了就去楼下的KTV买夜宵吃，唯一的爱好就是研究无人机和机器人。因他的托福成绩一直考60多分，这个学生的爸爸很是着急，向我们求助。在我们和这个学生进行一对一的沟通时，这个学生开始抱怨他爸爸从来不管他，尤其是在他高一的时候——有一次差点被学校开除，完全是靠自己的力量去解决的，整个过程爸爸没有提供任何帮助。在长达整整40分钟的面谈中，这个学生一直在掉眼泪，控诉爸爸只在乎他的成绩，所以为了让爸爸多关注自己，他故意把成绩考得很差。后来，我们约了这个学生的爸爸来谈，他爸爸坦言，自己对怎么教育孩子并不了解，也不懂得如何去鼓励孩子。在我们的建议下，这个学生的爸爸同意去努力给孩子一些赞许，表达一些关怀。奇迹出现了，在父子关系改善了之后，仅短短一个月时间，学生的托福就考到了80多分！

　　从这个故事中我们可以看出，缺乏亲子间感情的表达会对孩子造成多大的伤害！中国的文化比较含蓄，并不鼓励情感的表达，因此父母和孩子之间很少会对彼此坦露情感和情绪；而在美国的家庭里，家庭成员无论男女老少都会经常表达"我爱你""我想你"等情绪和感情。我们确实可以将这种差异归结为文化的不同，**但人都有情感的需求，希望得到对方的接受和肯定是人之常情。**曾经有个研究发现，收入越高、受教育程度越高的父母正面肯定孩子的比例越高，很少负面地否定孩子。**受到父母正面肯定越多的孩子，自信心和自尊心越高，更有利于健康人格的形成以及对将来目标的追求。**所以，对孩子，请不要吝惜爱的表达。

　　其实现在，很多小时候在情感缺乏的家庭中长大的"70后""75后"，在有了自己的孩子后，都意识到了情感的需求和表达的重要性，这是好事。**然而有时候也要避免矫枉过正，走向另一个极端——过度表达。**比如，家长当着外人的面把自己快要成年的孩子叫宝宝，或者孩子长大了也会不停地摸儿子的头，让孩子感到尴尬。青春期的孩子自我意识已经形成，更希望外界把自己当成大人来看。如果被自己的同伴发现父母还将自己当小孩，他们也会觉得很羞耻，并开始躲闪父母的这种过度关怀。所以，对于孩子爱的表达，不能吝啬，也不可泛滥。

体谅青春期的孩子的压力

　　在不少中国家庭中，爆发亲子沟通危机往往始于孩子青春期的时候。很多家长会惊呼："我的孩子怎么变了？"以前那个听话的乖孩子突然之间性情大变，变得封闭自我、易怒，和父母之间的关系也变得紧张起来，常常一言不合就大吵大闹，甚至离家出走，让父母很头痛。为了让父母更好地理解青春期孩子的变化和心理，我们会定义一下什么是青春期，以及孩子在青春期遇到的挑战和压力。

　　什么是青春期呢？世界卫生组织将青春期的年龄阶段定位为10—19岁，此时孩子的心理、生理方面都产生着巨大的变化。心理上慢慢开始过渡到成年，开始有自我意识，渴望被认可；生理上荷尔蒙发生变化，认知能力得到提升。随着留学趋势越来越低龄化，之前高中、本科出国的学生比较多，现在小学、初中也开始兴起。当留学遇上青春期，青春期遇上父母焦虑期就会产生很大矛盾。

　　青春期阶段，孩子们面临着哪些压力和挑战呢？

● **第一重压力：同辈压力**

　　步入青春期的孩子不再像童年时期与父母比较亲密那样，而是变得慢慢分离，转而与同学、朋友的关系开始密切。这个时期，他们渴望形成自己的小圈子，和同伴之间产生归属感。但需要注意的是，如果和有不良习惯的同伴长期在一起，则容易受到负面影响。另外，孩子和同辈之间彼此的压力和影响非常大，有时候孩子不告诉我们不等同于没有。

　　我们的一个女学生的父亲是一名医生，从小她父亲在她眼里就是一个很严谨、严苛的人。在整个成长过程中，这个学生在父亲那里得到的全部是否定。到了高中国际班住宿的时候，她和同学之间出现了一些矛盾，这导致她一年后坚决不肯去学校上课。在她的寝室中另外3位女生的情况是：有一个女生特别漂亮成绩好，但是总想要控制其他人；另一个女生是班长，富有心机，经常会把寝室的事情打小报告给老师，给其他人带来了巨大的压力；还有一个女生在国外做过一段时间交换生，回国后对中国复杂的人际关系不适应，缺乏甄别的能力，导致后来抑郁了不去上学了。我们的这个学生有顽强的反抗力，不仅对来自父亲的否定产生了反抗，在同辈之间也很不能接受别人对她的评价，尤其是来自那个控制型女孩的评价。在试图摆脱控制型的女孩时，她被其他人孤立，但同时她又希望加入她们的圈子，从而产生了巨大的同辈压力。在面临这些压力时，父母往往理解不了，学生只有借助自学心理学的方式来拯救自己。

　　不仅仅是女孩，男孩在青春期同样会出现由同辈引起的压力。我们的一个学生之前不打篮球，到了青春期之后，他也逐渐开始整天抱着篮球不撒手。这不仅仅是因为他的荷尔蒙需要释放，同时也是交朋友的需求：如果一个男生篮球打得好，他在男生之间就很有存在感，很受欢迎。青春期的孩子需要找群体感，需要和同辈有话题，渴望成为受同辈欢迎和认可的人，这个过程往往就会产生压力。

● **第二重压力：身体形象压力**

　　青春期的孩子在成长过程中身体发生了变化，然而这种变化给男生、

女生带来了不同的影响。对女生来讲，过早的发育会带来羞耻感，甚至自尊心都会受到影响。很多青春期发育了的女生对自己"变胖"的形体不满，很想减肥，还有些女生会穿宽松的衣服去遮掩身体的状态。相反，发育早的男生在同伴之间会很有面子，因为他们近似成人的体型看起来更有威信。而体型不够"man"的男生，在青春期间发育的表现还在于开始爱运动，更多的是担心自己长不高，不够强健，还有些男生甚至会开始练体型。如果懂得男孩这方面的心理需求，家长可以去帮他们在健身房买卡，请教练指导他去做一些训练。

身体形象的管理对孩子来说越来越重要。有些家长，认为打扮的孩子都是坏孩子，一定是没有好好读书。然而在国际学校里，有很多课外活动都需要孩子有合适的服饰，所以没有仪态、不会打扮的孩子会承受很大压力。在合适的地方穿合适的衣服，说合适的话本来就是一种社交礼仪。另外，无论学生是初升高，还是高升本，要申请美国排名前10、15、30的学校，大部分都需要面试。近几年美国学校面试比例将越来越高，因为学生的硬数据越来越漂亮，只有通过面试来解决一些其他东西，比如行为、仪容、仪表、仪态，而着装、仪容、仪态都是需要长期的过程来培训。如果见过哈佛、普林斯顿名校的学生，你就会发现顶级学校对颜值要求很高；而 MBA、投行等高薪行业，也满是俊男美女。仪态不佳的人在名校和名企都较难被认可。

● 第三重压力：学业压力

学业的压力对青春期的孩子来说是很沉重的，因为孩子始终是看重学习成绩的，而这个时期的学业压力甚至可以达到全部压力来源的60%—70%。如果解决了这个压力，其他压力也随之减少，孩子也会感到有尊严。

以 IB 课程为例，家长们如果了解过 IB 课程，就会明白这套课程在阅读、实验、论文上带给我们学生的压力有多大。进入 IB 班，孩子的英语在初中时就需要托福90分左右，还需要学生具备阅读能力、思维能力、动手能力、创造力等。尤其是 IB 的论文，家长如果没有看过，很难理解孩子面临的压力。我曾邀请宾夕法尼亚大学生物学硕士毕业的老师分析过 IB 的课程评估体系，发现很多题目要求级别几乎在硕士以上，只是相对硕士的评估标准低一些，但在开题的方式、数据收集和结构上和硕士论文几乎是一模一样。

再说 AP 课程。孩子如果是从公立系统出来的，从来没听过什么宏观、微观经济学课，到了10年级突然要上 AP 经济学，会一下子面临三重挑战：第一，内容不懂；第二，上课课本是英文；第三，评估体系不一样。三重挑战下来真的会把学生逼到崩溃。有些学生父母是管理者，对宏观、微观经济学会有一定的概念，因为在平时的工作生活中会接触到一些相关信息，但还在学校读书的孩子怎么可能了解宏观经济呢？

有时候，孩子们没办法去甄别选择什么的问题，他们能不能走得好在很大程度上取决于父母对他们的引导。当父母不能真正懂得他们时，他们就会封闭抵抗，这是非常令人遗憾的。孩子最好能站在巨人的肩膀上往前走，若父母不能提供这个肩膀，将会产生很大的冲突和矛盾。

● **第四重压力：来自父母关系的压力**

青春期的孩子比较敏感，如果父母关系不和睦，比如吵架，甚至闹离婚，会给孩子带来巨大的负面影响和心理压力。

我曾遇到过一个令人痛心的案例：一个学生在美国被退学了，这个学生在国内一直念重点中学，他的父亲是个节节高升的官员，而母亲事业上几乎没有变化。这个学生高中毕业后被爸爸送到国外读大学，这么做的目的就是为了等他上大学后解决离婚问题。他在美国读书时刚开始成绩很好，然而一年多之后却因为 GPA 过低收到了勒令退学的通知书。这个学生每天躲在学校什么都不干，也不肯回国。在和他的爸爸交涉时，爸爸坦言，离婚后他也会对孩子负责，会承担留学的学费，然而他没有和孩子谈过这个问题。很多家长都认为离婚是大人的事，孩子只要认真读书就好。**然而孩子的安全感大部分是源于父母之间的关系，安全感一旦降低，学业也就跟**

着一落千丈了。对孩子来说，在得知父母离婚后会产生很多疑问，"我还是你们的家人吗？""你们这样折腾问过我吗？"事后我们和这个学生沟通时，问起当时的情况，他说："我没有逃课，但是老师讲的内容我听不进去，看书也看不进去。我本来买了暑假回国的机票，后来我妈在电话里说等我回去评理，但我无法接受父亲的形象在我心目中崩塌，以学习紧张为借口将机票退了。"再后来接到退学通知书时，他很恐惧，连盒饭都是别人送上楼，春节都没给父母打电话。走到这一步，真的很令人痛心。本来学生学习能力真不错，读一所正常大学不是问题，但是就因为父母要离婚，将孩子毁了。所以父母在处理关系时应当把孩子当家人，当一个完整的人。有个家长曾经说了一句话，我至今深以为然：**"夫妻和睦是给孩子最好的礼物。"**

缓解沟通矛盾，父母能做些什么

　　随着留学越来越低龄化，更多的小留学生正处于叛逆的青春期。如何与青春期的孩子在沟通中有的放矢，也是大部分留学家庭关注的话题。这个时期的孩子通常会和家长在各方面产生冲突，比如几点睡觉，学习成绩，交友，能不能用电脑打游戏，等等。和青春期的孩子难以沟通，是很多家长的"共识"。孩子的成长过程也是父母成长的一个过程。如果家长一味地让孩子走进自己的世界，而不去了解孩子的世界，是无法沟通的。

　　那么，有什么办法可以解决这个问题呢？

● 学会用具象型语言去表扬孩子

　　这里要推荐《如何说孩子才肯听，如何听孩子才会说》这本书，并且可以活学活用。比如说，现在很多家长也逐渐认识到，实际上孩子需要被**赞美，但却忽略了赞美也是需要技巧的**。有些家长为了鼓励孩子，就会夸赞孩子："你好漂亮啊！"孩子如果在青春期是有些微胖的，对家长的话就会不领情。长此以往，家长的称赞不仅不会奏效，孩子也会对家长丧失信任感。那么什么是具象型的语言呢？比如女儿身材偏胖，也不是特别漂亮的情况，但今天她穿的一套衣服色调搭配得很好看，家长可以具象地表达："你今天的配色和整体的搭配很好。"这种情况下，孩子才会觉得家长真的是在作客观的评价，是在赞美自己。

● **切忌扮演全能型的父母**

青春期的孩子慢慢地建立了自我的意识，渴望获得别人的认同，渴望像成年人一样被平等地对待。但如果家长还是习惯于把青春期的孩子看成什么都不懂，完全依附于自己的孩童，什么事都替孩子作决定，忽视孩子的感受，和孩子之间自然会产生冲突矛盾。我对一个学生和她妈妈之间的关系印象深刻：妈妈一边宣称自己一直把孩子当成年人对待，尊重她的意见，任何事情都一起商量作决定，一边在一些决定上又很"假民主"，即便听取了孩子的意见，最终还是按照家长自己的想法去做，希望孩子服从自己。结果，这个学生呈现出了非常矛盾的状态：一方面很想争取自己的"自由"，处处表现得逆反，处处挑战妈妈的权威；另一方面又很依赖妈妈来作决定，自己并没有什么坚定的立场。**不要扮演全能型的父母的另一个原因是，可以借此机会锻炼提升孩子的同理心（也叫换位思考）。**当家长遇到困难时，只有和孩子分享真实的想法，让孩子知道做父母的压力、困难，孩子才会换位思考，体谅父母的难处。很多孩子其实是非常有想法的。前段时间我在工作中受到一些困扰，正好和一个孩子聊天时听到一句话很有感悟："知人不评人。"在那个情景下，孩子就是我这个成年人的老师。

● **拒绝小题大做**

有时候孩子会提出一些在家长看来比较异想天开的问题来和父母讨论。很多中国的父母不仅不赞同孩子，反而第一句话就会打击孩子的热情，让孩子感到很沮丧。孩子来找家长倾诉，是信任的表现。家长如果此时冷嘲热讽，打压他们的热情，结果就是让孩子丧失了在家长这里的安全感，变得焦虑。孩子在青春期的时候，本就更倾向于与同龄人交流，分享内心的想法，父母这样的表现只会让孩子更不愿意分享自己的事情，所以表达的方式、方法很重要。当孩子带着问题来问父母时，不管你认为他们的想法有多荒谬，多不现实，请不要小题大做地表现出来。

● 不要过度移情

很多家长会认为，不是一直在教我们对孩子产生同理心，站在孩子的角度思考问题吗？为什么又说不可以过度移情呢？**青春期的孩子情绪变化多端，有时会偏好夸大事实，今天一个想法，明天又一个想法**。有时候过于以孩子的想法为中心，不仅没有了正确的成人判断，而且会让自己处于尴尬的位置。以前有个在美国读高中的学生住在寄宿家庭里，和妈妈视频对话的时候说自己在住家吃的不好，人瘦了很多。这位妈妈非常担心，情绪十分激动，要投诉寄宿家庭虐待自己的小孩，不给他好好吃饭。后来，我们的老师联系到孩子，才知道其实孩子夸大了事实。真实情况是孩子初到美国，吃不惯当地的食物才瘦的，并非住家"虐待"孩子。如果真的按照妈妈的想法去投诉寄宿家庭，不仅会牵连到学校，还会发现孩子涉嫌说谎，那会给孩子带来非常不好的影响。**有时候，孩子对事实的夸大是为了引起更多的关注**。如果学生妈妈在听过孩子的话之后保持冷静和理智，就不会差点作出冲动的决定。

● 对孩子感兴趣的事物要表现出支持和兴趣

随着孩子长大，家长需要意识到，孩子是一个独立的个体，不是自己的附属品，尤其不要用自己的价值喜好来判断孩子的鉴赏力。曾经有个学生很喜欢电影，但是这个学生的家长是金融行业的，觉得孩子学电影是天方夜谭，将来肯定难以谋生，所以一直在干涉孩子的喜好。结果孩子读金融读得很痛苦，不仅不喜欢，成绩也上不去。还有一个在美国的学生，本人对艺术、设计之类的专业非常感兴趣，但由于家长不支持，同样选择了金融。然而金融真的不适合她，学生越学越厌恶，最后学到大三的时候，还是坚持不下去，选择了重新申请就读艺术学院，并成功转学到了艺术学院去学习自己心仪的专业。过程虽然很辛苦，但是因为学生喜欢，她学得很开心很用功，毕业以后也在纽约找到了与艺术设计相关的工作。三百六十行，行行出状元，在如今的社会，学什么专业都饿不死，家长不必过于限制孩子的喜好。

● 家长需要学会管理自己

不少家长自己本身情绪方面就有很多问题，一旦投射在孩子身上，就更加惨不忍睹。负面情绪会传染，家长的焦虑不安，统统会传染给孩子，最后孩子的情绪管理能力也会变差。比如，当家长自己事业遇到了瓶颈，家庭关系也不协调，社交圈较窄，缺乏自己的生活时，很多家长会选择把所有的精力都花在孩子身上，把孩子的成功当成自己的目标。这样的结果就是家长会把自己生活里产生的焦虑，缺乏安全感的情绪全部投射在孩子身上，对孩子控制欲强，让孩子喘不过气来。相比于教育孩子，家长更应该先解决自己的问题，学会调节自己的情绪，努力完善自己，掌控好自己的生活，拥有健康的生活状态。**父母对孩子的影响是非常大的，甚至大过了孩子后天接受的教育和学习环境。**另外，出国留学以后，孩子的视野、学识和想法都会得到提高，如果家长不努力提高自身的水平，以后和孩子沟通起来会愈发困难，因为孩子觉得你很多东西都不懂，也就懒得和你解释，从而你就更加失去了和孩子交流的机会。

● 懂得设定合理的家庭界限

中国的家庭普遍缺乏家庭成员之间的边界感，而家长设定好边界，对孩子的成长是十分必要的。比如，孩子的目标是申请美国前30或前50的大学，家长就一定要提早把学业边界设定好。并不是所有美国大学都是名校，如果有一天孩子选择回国发展，中国人对学校排名是比较看重的。曾经有个学生在美国读高中，他的父母并没有给孩子设定好边界，认为孩子快乐开心就好，读喜欢的课程就好。等孩子到了11年级时，SAT 只有1700分

（满分2400分），让全家人非常着急。父亲这时候才认为孩子应该去参加培训，目标定为排名前50的学校，但是儿子此时的兴趣是做义工或参佛，和父亲的目标产生了巨大的差距，冲突就产生了。父母应该提早设好边界，比如："我是你的投资人，我有权利与责任去监督你，所以你的 GPA 达到多少是底线。"**不仅是学业，孩子出国后的沟通频率也需要提早设定好。**很多学生在国外或国际学校会出现两种情况，一种是和家长沟通过于紧密，另一种是完全放任，缺乏和家长的定时沟通。常常听有些家长抱怨，孩子出国后就跟丢了个孩子一样，经常联系不到人。**很多时候，亲子之间缺乏沟通的原因是缺少沟通频率和方法的约定，而缺乏沟通的孩子往往不会求助他人。**对十几岁的孩子来说，面对很多困难，他们是缺乏解决能力的，如果不向家长寻求帮助，只求助于同龄人，很多时候是无法解决好问题的。只有提早和孩子约定沟通方面的界限，才能减少这方面的问题。缓解沟通矛盾的这些方法虽然简单，但里面蕴含了很多非常丰富的内容，值得细细体会。

父母离异，孩子也可以顺利留学

　　"我妈告诉我，她和我爸离婚了。他们商量好了送我来美国念大学之后就去办离婚手续。"我的大学同学放下家里电话以后茫然地跟我说。尽管我和她一样震惊，但是为了安慰她，我告诉她：父母这样做是为了不影响她之前的留学申请，所以等她到了美国安定下来以后才去离婚。"不是这样的，你不懂。他们根本没打算和我商量，把我丢到美国以后他们就可以想怎样就怎样了。"除了难过，我更感受到了她的怒气和怨气。后来，我发现类似的事情并不是偶然，不少中国家长会选择把孩子送到美国念书后去办离婚，去开始自己的新生活，然而却忽视了这样的行为对孩子的影响。

　　有些父母认为，离婚对孩子会有绝对负面的影响，为了不让孩子在单亲家庭中成长，父母只能选择留在一段痛苦的婚姻中，一直等到孩子长大成人或出国以后再离婚；还有一些父母认为，不健康的婚姻关系对孩子并没有积极的意义，选择离婚才是负责任的表现。伴随着中国逐年上升的离婚率，越来越多的学生来自背景"多元"的家庭中。**我们发现**

父母是否在一起并不是影响孩子健康成长发展与否的唯一因素，甚至都不是最重要的那个。

　　美国弗吉尼亚大学的一项研究表明，虽然父母离婚短期内会给孩子造成负面影响，例如感到焦虑、愤怒和不相信，但是绝大部分孩子第二年就会恢复过来。从长远来看，大部分离异家庭的孩子都能很好地自我调节。相比于离婚本身，其他因素才会对孩子的成长以及心理健康产生重大影响。

● 父母没有让孩子参与到离婚的决定中

　　不少父母认为离婚与否是夫妻之间的决定，孩子只是孩子，并不需要让他们参与到父母作决定的过程中，却不知道这样会对孩子造成伤害。我们曾经的一个学生，就是被送去美国后，父母背着他离婚了。这个学生本来在美国校园适应得很好，学业顺利，当得知父母离婚后，走到了崩溃的边缘。这个学生的父母感情多年来都不和睦，离婚后，母亲经常打电话"折腾"他，让他回国，并且在他面前不遗余力地诋毁他父亲。渐渐地，家长在国内联系不到孩子了，甚至到了过年也没有接到孩子的电话。当我们的老师联系到这个学生后，这个学生才告诉我们，他由于缺课太多，无法沉下心去学习，已经被学校退学了！他现在天天在宿舍里呆着，哪儿也不去，吃饭就靠叫外卖，整个人也不修边幅。

　　在我们老师的疏导下，这个学生告诉我们，得知父母离婚后，他感到非常困扰，甚至害怕，不知道自己未来何去何从，担心父亲不会支付自己未来的留学费用。另外，由于母亲的诋毁，父亲在自己心中多年的正面形象也崩塌了，更加重了他负面情绪的堆积。后来，在我们老师和他父亲沟通后，父亲才意识到，在整个过程的始末缺乏和孩子的沟通，最终导致了孩子负面的心理状态，无法继续正常的学习生活。

● 父母之间持久而激烈的矛盾斗争

　　比起离婚本身，父母之间持久而激烈的矛盾斗争会减弱家庭教育的

质量，因此无法给孩子提供所需求的稳定、充满爱的成长环境。我们的一个学生在很小的时候父母就离婚了，一直跟着奶奶生活。然而，在孩子成长的过程中，父亲和母亲从未停止过吵闹。他父亲在离婚过程中不让他见母亲，甚至父母多年后有了新的家庭，依旧把孩子作为载体，互相斗争打压，诋毁对方。这个学生从小学习就很专注，但是缺乏安全感，尤其对陌生领域充满了戒备和不信任。每逢大型考试他必然考砸，即便在准备留学阶段，这个学生也凡事朝着最糟糕的方向考虑，尤其担心的问题就是美国人会歧视自己。每当遇见从美国回来的人，他都会问别人，美国人是否有歧视问题。

以上案例说明，更多的是父母无法妥善处理离婚，才导致了对孩子的负面影响。实际上，**离婚本身并不会导致对孩子绝对的负面影响，在一个缺乏爱和正能量的家庭中成长，才会让孩子出问题。**如果父母关注到了孩子的需求，提供了无条件的爱和支持，表现出同理心和理解，即便生长在重组家庭的孩子也可以顺利成长，健康发展。

我们曾经的一个学生在父母离异后和妈妈住。后来妈妈重新组建了新的家庭，而继父又带来了两个孩子。因继父带来的两个弟弟年纪小，妈妈花了更多的精力去照料他们，让这个学生觉得自己受到了冷落。受到父母离婚困扰，遭遇亲子情感空虚的这个学生开始转向恋爱，把男友当成了精神上的寄托和情感上的依赖。恋爱后的她成绩大幅度下降，她的妈妈开始强烈地反对这段恋爱关系，从而导致了这个学生的叛逆，不惜以离家出走来对抗。后来，她的母亲和继父通过学习心理学，了解到和青春期孩子的相处方法，努力去关注和理解孩子的状态，去包容和支持她，才让这个学生改变了心意。在家长的爱与和谐的家庭氛围中，她慢慢度过了叛逆期，逐渐理解了家长的苦心，决定和男朋友分手，并且花费更多精力去提高成绩，准备去美国留学。不仅如此，这个学生的父母很支持孩子利用自己的音乐特长去帮助他人，传播积极的能量，例如教福利院小朋友弹钢琴等。

另一个学生同样是在父母离婚后，在重组家庭中找到了自信和自我。父母在他小学时离异，他就和奶奶在一起。父母由于工作忙，都不怎么管儿子。小学毕业时，这个学生成绩太差，妈妈决定接管他。妈妈的管理方式十分细致严格，然而他依旧没什么提升，高中去了国际学校成绩还是不好。这个学生的妈妈后来再次组建了家庭，继父的出现对他的转变起了很大的作用。不同于母亲，继父并不会细致地管他，而是从宏观的角度给他指引目标和方向，鼓励他进行勇敢的尝试，带他参加各种运动和活动去培养他的能力。即便这个学生缺失来自生父的教育，然因处在继父的包容和关爱之下，他发展得越来越好。他不仅找到了自我，还变得更加自信了，并打算去美国读自己喜欢的设计专业。为了更科学地培养孩子，改变自己的教育方式，这位母亲也一直坚持学习教育心理学。

随着社会的发展和宽容度的提高，人们对"多元"背景的家庭的接受度会越来越高。不少父母都十分关注离异对孩子造成的影响，以及怎样帮助孩子更好地度过家庭的变更期，适应新家庭环境并健康成长。以下是一些建议。

● 让孩子参与离婚过程，和父母保持信息的沟通有助于他们适应和调整

和父母缺乏沟通，并且被隔离到决定之外的孩子更容易胡思乱想，甚至捏造并不可能发生的事。为了孩子更好地适应，保持心理健康，父母应当让孩子知道，即便父母离婚了，双方对孩子的爱并不会减少，并且父母的离婚并不是因为孩子的错。不仅如此，孩子应当被告知适合他们年龄的信息，比如较年长的孩子需要知道他们以后的生活安排、经济支持来源等信息。

● 不要让孩子成为你的"传声筒""情绪垃圾桶"，或在孩子面前批判另一半

有些离婚后的家长，对另一半存在负面和抵触的情绪，会让孩子成为两个成年人之间的"传声筒"。这样的行为不仅把孩子暴露在两边家长负面的情绪中，也会让他们承受巨大的压力，去面对一些成人之间都难以解决的问题。不少离婚后的家长倾向于把孩子当成自己的"情绪垃圾

桶",发泄自己的负面情绪,批判孩子的另一个家长。这样只会对已经遭遇父母离婚打击的孩子"雪上加霜",而诋毁另一个家长对孩子同样是灾难性的。孩子的一半来自另一个家长,否定另一个家长就等于否定孩子的一半。

● **在新的家庭环境中,不停歇地关爱、尊重和重视孩子**

当家庭的结构发生变化时,不论是变成了单亲家庭还是重组家庭,为了帮助孩子更好地适应,家长需要了解孩子的心理需求。对较为年幼的孩子来说,父母的离婚会让孩子变得更加依赖人且缺乏安全感;对于较年长已经进入青春期的孩子来说,父母的离异会让他们更独立,甚至更叛逆。父母的离异往往会让孩子丧失信任感,所以带给孩子安全感是十分重要的。在新的家庭环境中,父母要努力和孩子维持情感上的联系,让孩子感受到无差别的关爱和重视。

父母过于强势对孩子留学有害无益

　　在大部分中国家庭中，孩子身上往往承载着父母的期望，他们是父母的尊严和骄傲。即便越来越多年轻一代的家长开始意识到，在成长的过程中，应当给予孩子一定的快乐教育和适当的放养式培养方式，却极少有父母能让孩子完全"为所欲为"。在我们的学生家长中，不少父母在外事业有成，在工作岗位中承担着重任和压力；然而他们在教育孩子上也采取了同样的作风，严格而强势，对孩子制定了过高的目标。成长在这种家庭的孩子，往往由于父母教育方式、方法的不当而备受摧残。

● 强势家长的表现

①　按照自己的预期给孩子设定目标，无视孩子的发展需求

　　几乎所有的家长都对自己的孩子抱有很高的期望，盼望孩子不仅成为生命的延续，而且要比自己更进一步，去探索自己未涉及的领域，抵达自己从未达到的高度。然而，在成长这条充满艰辛的路上，"背负"父母期望重担的孩子常常"不堪重荷"，和父母产生了严重的冲突。

　　我们的一个女学生从小就活在爸爸的严厉管教中。爸爸是个典型的理科男，对孩子的情绪感知能力弱，凡事只注重是否达到好的结果。比如，她的数学能力较弱，父亲认为自己的数学是强项，决定自荐来给孩子补习。然而在教学的过程中，严厉的父亲完全无视孩子当下的能力和水平，给孩子设定了掌握更高年级的数学知识的目标。孩子数学本来就不好，面对高级别的数学抱怨地说自己根本掌握不了，没想到却引来父亲更加严厉的责备："你对自己的要求为何这么低！多学一点知识不好吗？"接下来，父亲不仅责备孩子达不到自己制定的目标，更是连带指责了孩子生活中其他方面的缺点，比如做事效率低，喜欢玩手机，甚至威胁孩子再达不到自己的要求，就不付她去美国的学费，剥夺她留学的机会！父亲一连串的行为导致这个学生情绪失控，哭了整整一晚。第二天去学校考试时，她的大脑一片空白，最终交出了白卷以示抗议。这位父亲的高标准还体现在对孩子的学术能力要求上。明明孩子只能达到美国排名前100的大学，而这位父亲却一厢情愿地认为，孩子应当给自己设定前50、甚至更高的目标才是志向远大、有追求的体现。虽然树立目标很重要，但如果忽略了培养孩子在达到目标的过程中所需要的能力和方式，再远大的目标也是毫无意义的。

❷ 对待孩子严厉粗暴，不关注孩子的情感需求

　　中国家庭中，不少父亲在教育孩子时都倾向走"简单粗暴"的路线，只注重结果，却很少关注孩子的情感需求。我们曾经有个学生刚去新学校的时候，由于缺乏安全感，上学的时候总会随身带着妈妈的一件衣物。父亲不仅没关注孩子行为所反映出的心理需求，反而只是一味地强行禁止孩子携带妈妈的衣物，甚至采用羞辱和耻笑孩子的方法！父亲的行为直接导致孩子的问题进一步恶化。孩子依赖妈妈衣物的问题不仅没有得到解决，甚至之后养成了恋女人衣物的怪癖。

　　另一个学生的父亲是某大学教授，为人严谨。这个学生小时候非常调皮，成绩一般。父亲并不关注那个年龄阶段孩子的特质，只要求成绩上的结果，所以经常暴打孩子，甚至有一次在孩子考试成绩不好时烧掉了孩子辛辛苦苦收集的600多张珍藏卡片。从此之后，孩子走上了父亲期望的"好

好学习"的道路，成绩稳步上升，然而对父亲的感情却渐渐疏离，失去了
父子之间的亲密感。这难道就是家长想要的结果吗？

③　不注重教育的方式方法，忽视孩子兴趣性格的不同

不少中国家长对孩子的教育方式十分功利和实用主义，两眼紧盯成绩
分数和名校录取，对孩子学习过程中的方式方法，以及成长过程中的心理
需求完全不注重。当孩子没有好的分数和结果时，父母首先"奉上"的是
打击和责备。我们的一个学生决定要去美国留学，开始准备各种标化考试，
因这个学生的托福成绩不到80分，所以，他着手参加更多课外活动来丰富
自己的经历。于是，家长和孩子的兴趣发生了对立：家长认为课外活动纯
属浪费时间，华而不实，于是禁止孩子参加课外活动；孩子却认为课外活
动可以培养自己的团队能力、沟通协作能力以及领导力，对申请是十分必
要的。这个学生的家长在不了解如何用适合孩子的教育手段来解决问题时，
只会警告要挟孩子。比如，告诉孩子如果托福分数再考不上去就不要出去
了，甚至彼此推卸责任，把孩子的缺点归于另一半没教好。结果，孩子和
父母之间的冲突矛盾越来越严重，课外活动被禁止了，托福成绩却也一直
上不去。留学更重要的是方向性，就好像离了弓的箭，没有回头路可走。
最后，孩子由于托福成绩偏低，最终去美国走了双录取的道路。

●　过于强势的家长带给孩子的负面影响

父母在家庭教育中强势的态度对孩子的影响是有区别的。由于受到传
统观念的影响，妈妈通常对家庭内务和孩子抚养教育投入更多，所以对孩
子的影响更大。相比于父亲的强势，母亲的管教风格通常过于细致和严谨，
容易导致孩子不够勇敢，胆怯，面对新事物时不敢尝试。母亲的强势，还
体现在对孩子事无巨细的包办上，什么都想替孩子考虑到，什么都要帮孩
子作好准备，生怕孩子走一点弯路，结果导致孩子过度依赖母亲而缺乏独
立性，思考和判断的能力都弱化了。而父亲的强势更具有摧毁性，不但会
让孩子自身的力量变弱，变得缺乏自信、不活泼，而且还会有不少孩子屈
服于强势父亲的高压式教育而使亲子关系变得疏离、充满敌意。

● **"开明型"父母带给孩子的正面影响**

除了强势型的父母，还有另一类"开明型"的父母，他们用自己耐心的陪伴和宽容让孩子变得更好。我们的一个女学生从小学一年级开始由于学习进度滞后，被班里老师"区别对待"。还在小学的时候，来自老师的辱骂和体罚对于这个女生来讲就是家常便饭，成长过程中她的自信心和自尊心跌到了谷底。虽然后来去美国念了高中，接着又进入高排名的大学学习，但她都从未拥有过真正的自信。这个学生到了实习的阶段，一封简历都不敢投，总觉得自己这不好那不好，根本没有公司愿意招自己。在这段低谷时期，她的父母了解了孩子的情况后，给予了孩子无条件的关爱和鼓励，告诉她应该相信自己所具备的知识和能力，并且无论结果怎样她都会成为很棒的人。在父母强大的支持和信任下，她开始一份份投递简历，准备面试。经历了眼泪和无数挫折，最终在美国进入了某顶级投行实习，大大地提升了自己的自信心。

另一个男学生从小在学校调皮捣蛋，外号"话痨"，在课堂上总是动个不停，是老师经常"狠批"的重点对象。在成长的过程中，不论老师怎么不看好他或者他闯了什么祸，他的父母都始终怀着"强大的心脏"给予了他最大的宽容和关爱，并未以一时成绩的好坏来判断他的价值。后来，这个学生的父母认为，体制内的教育不再适合自己的孩子，于是毅然决定送他去美国读了高中。这个学生在美国顺利地念了高中和大学，个性依旧阳光开朗，和父母关系融洽，在大三的时候就凭借自己努力拿了美国四大会计师事务所实习的 offer。

● **给强势父母的建议**

意识到成为强势父母对于孩子的负面影响后，该怎么在"爱的名义"下调整，采用更合适的方式教育孩子呢？

❶　给孩子足够的空间和耐心的陪伴，避免"打击式"和"威胁式"的中国教育方式

面对孩子的出错和不完美，直截了当的"打击"甚至"威胁"从来都不是解决问题的好办法，反而会引发孩子心理方面的问题。真正懂得教育的父母会给孩子足够的耐心和宽容，陪伴着孩子渡过难关，成长为更好的人。

② 注重教育的方式方法，允许孩子犯错

越来越多的父母意识到教育学的方式方法，以及心理学对于培养孩子的优势和重要性。好的变化通常不会在一夜内突然发生，孩子在对事物的摸索和学习过程中，难免会犯错，会走弯路。家长需要让孩子在犯错中汲取经验，在摸索中成长。

③ 学会与孩子换位思考，尽量平等地对待孩子

在家庭关系中，父母本来就处于权威层面，是有力量的一方。如果在这个基础上继续压迫孩子，对孩子的成长十分不利。面对孩子，父母需要放下自己由年龄、位置所形成的阅历和思维方式，尝试站在孩子的年龄阶段去理解他们，这样才能有更好的沟通和理解。

隔代抚养可能增加留学障碍

　　在西方社会里，孩子几乎从小都由父母抚养带大。和祖父母的关系，往往是基于他们的居住距离，住得远的家庭几乎只在过节时团聚。反观中国社会却出现了这种独特的现象：很大比例的孩子从小都由爷爷奶奶或外公外婆带大。不少父母把孩子交给上一代的原因是：工作繁忙压力大，没时间照看孩子，并且相比于请保姆，让自己父母带孩子更加经济，也更令人放心。下图所示为2015年的调查，目前，中国家庭中的第一个孩子，仍有将近60%的比例是靠祖父母抚养长大，二胎被祖父母抚养长大的比例达到50%左右。

● 隔代带孩子的弊端

　　隔代带孩子不仅在中国"流行"，在美国的华人群体中也十分常见，近年来还有增加的趋势。在我们的学生群体中，陪伴学生来访的除了学生父母，时常也能见到祖父母的身影。近些年来，隔代带孩子的弊端也越来越受关注。那么隔代带孩子有哪些劣势呢？

① 对孩子保护过度

　　这类家庭中，祖父母对于孩子采取了过分的保护措施，甚至溺爱。他

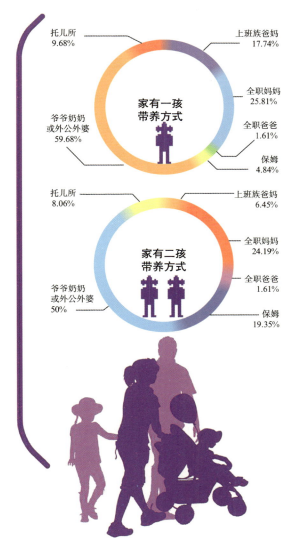

托儿所
9.68%

上班族爸妈
17.74%

全职妈妈
25.81%

全职爸爸
1.61%

保姆
4.84%

爷爷奶奶
或外公外婆
59.68%

家有一孩
带养方式

托儿所
8.06%

上班族爸妈
6.45%

全职妈妈
24.19%

全职爸爸
1.61%

保姆
19.35%

爷爷奶奶
或外公外婆
50%

家有二孩
带养方式

图2　家有孩子的带养方式

们不允许孩子为自己做太多应该做的事，比如自己穿衣、吃饭，他们更倾向于把孩子当成"小祖宗"一样供起来，为他们操办所有事。在这样的"蜜罐"中成长，不少孩子连基本的自理能力都缺失了，更不用说会被鼓励去探索、去尝试新事物了。在留学的过程中，会作选择和同时处理多任务的能力是十分重要的。而从小被老人捧在手心里的孩子，在成长的过程中则容易被剥夺作选择的机会以及多任务处理能力的训练，在留学申请和今后的留学生活中容易受到巨大的冲击。

我们的一个学生，从小在奶奶家长大。这个学生小时候非常爱笑、爱动，然而奶奶年纪大了，没有体力和精力追在他后边陪着玩，只能把他关在家里每天让他看电视，自己则坐在一边打毛衣。这个学生从小总看科技频道的电视节目，智力发展得倒还不错。然而，因为长期被困在家里，无法出去和同年龄的小朋友玩，所以他从小运动能力弱，对外界事物缺乏探索精神，小小年纪看起来就缺乏生命力和朝气。另一个学生跟着外婆长大，从小也被禁锢在室内。外婆的身体状况除了无法陪伴他在室外活动，更是担心他在外面玩的时候碰了摔了，出了状况不好和他父母交代。同样的，缺乏室外活动的这个学生从小运动能力不强，缺乏小伙伴交流的他，社交能力也偏低，对他人的情绪感知能力也较差。外婆对他的关爱还体现在，总是给他加厚厚的衣服，怕他觉得冷，怕他生病。事实上，他爱动爱闹，反而更怕热。外婆不停地给他加衣服，反而导致他更容易感冒，体质也变差了。在美国，运动和健身的文化盛行，而体质弱、不爱运动的中国学生到了美国，适应的过程中会面临很大的压力。

❷　对成绩"过度追求"，扭曲了孩子的价值观

相比于父母一辈，不少中国的长辈的观念更加传统，价值观更加"一元化"。比如说，很多长辈不大关注孩子在成长的过程中是否快乐，是否"全面发展"，而是十分地实用主义和功利主义：把分数第一、名校录取、学校排名看得比什么都重要。当孩子去国际学校准备留学时，老人们很难理解国外教育的评估体系和标准，以及留学准备过程中对多任务处理能力的要求，只能拿面对高考的"一元标准"去要求孩子。

我们的一个学生由外婆带大，他从小就被外婆灌输了"成绩好的孩子才是好孩子""与分数无关的都没用"等观念。不仅如此，外婆还十分"轻视"文科类课程，坚信"学好数理化，走遍天下都不怕"。在外婆坚持不懈的影响下，这个学生从小对理科怀有极高的热情，但文科平平，尤其是缺乏阅读能力。小学时期的文科主要靠背诵，他还撑得过去，然而随着年级

上升，缺乏阅读量的他在思维能力和内容方面的缺失逐渐开始显露，从而产生了巨大的学术压力。初中增添了物理和化学后，这个学生更加手忙脚乱，成绩开始大幅下滑。外婆发现他成绩出现问题后，立马开始四处找各种老师给他补课，让他多多刷题。只要是"名师"，只要别人说可以提高分数，外婆统统"死马当活马医"，把他塞进了各种补习班。

由于成绩下滑，加上青春期的到来，这个学生情绪也开始出现问题了。成长于"成绩好大于一切"价值观下的他，对于自己偏科导致的成绩下滑，产生了严重的焦虑和挫败感：他认为自己就是个彻头彻尾的失败者。严重的焦虑情绪导致他根本学不进去，考试也屡屡出问题，甚至连最拿手的数学也严重失分。中考成绩下来后，这个学生发现自己进不了理想的重点高中，情绪到了崩溃的边缘，只有通过心理咨询来调节。后来，他决定走出国留学的道路来重拾信心。进了国际学校后，这个学生通过对比国际学校数学和以前公立学校的数学教学，发现国际学校数学难度太低，于是认为要出国的学生都是成绩差无法参加高考才来的，情绪再一次崩溃，在国际学校也不好好读书，想再次转学或退学。万般无奈的家长只得再送他去进行心理咨询，调节心态。在心理老师的帮助下，这个学生的"成绩至上"的价值体系慢慢开始瓦解，不再认为自己成绩不好人生就完了，开始认同出国和高考的评判标准是不同的，用统一标准衡量是没有意义的。情绪平复后的他甚至会开玩笑："以前觉得让我刷题的才是好老师，不让刷的不是好老师，现在我学会分析了，想法完全相反了。"

3　隔代抚养孩子可能出现的其他问题

除了对孩子过度的保护欲和"成绩好就是一切"的一元价值观，隔代带孩子还可能出现其他问题。我们的一个学生专注力差，导致他在班里成绩倒数，令名校"海归"毕业的家长十分焦虑。而孩子专注力低下产生的原因，竟然是外婆的"培养"。孩子小时候跟着外婆住，外婆由于疼爱孩子，总喜欢在孩子专注学习时，进进出出地"打扰"他：一会儿给他吃水果，一会儿问他吃不吃别的……这导致孩子从小做事就没什么"定力"，很难坚持着做完一件事。在留学准备过程中，往往要求学生具有多头处理事物的能力，缺乏专注力容易导致效率低下，给申请留学带来很大的压力和困扰。

还有的祖父母"男尊女卑"的观念严重，会在女孩子面前对男孩子更加宠溺，会忽视并否定女孩子，而且不断重复加强这个观念，导致女孩子的自尊心、自信心受到负面影响。曾经有个女学生，小时候由于父母工作调动，不得不被寄养在奶奶家。奶奶极度地重男轻女，经常在该女学生面前显示出对弟弟的疼爱，而对该女学生却十分不耐烦，常常责骂她、打她。这样的成长环境导致学生从小性格就十分自卑和孤僻，一直怨恨爸爸妈妈不爱自己，不来接她回家，导致自己在奶奶家受虐待。

不少老人无法跟上日新月异的时代变化趋势，所以也无法提供给孩子留学所需能力的培养。有些老人会认为：你们不也是我这样带大的吗？现在看来不也好好的吗？随着留学态势的变化，以及越来越激烈的竞争，仅拥有基础能力的孩子在留学申请中会越来越艰难，"一开始就输在了起跑线上"有可能成真。不少老年人对于教育发展学和心理学不了解，带孩子全凭个人经验，也容易造成对孩子的伤害。

● 隔代带孩子真的一无是处吗

关于隔代抚养孩子是否合理的争论从未停止过。尽管大部分人都认同老人带孩子的方式大多是基于经验之谈而非科学依据，但出于现实考虑，很多父母亲自带孩子并不是一个可行的选择。我们也有一个男学生，虽然小时候"往返"于外婆家和自己家，但性格的形成和能力的培养并没有什么问题。在了解了情况后，我们发现学生外婆十分注重和家长之间的沟通，以及保持教育方式、方法的一致性。比如，在孩子小时候跌倒时，外婆并不会马上冲过去扶孩子，或夸张地宝贝孩子。和孩子妈妈的做法一样，外婆会站在一旁，告诉孩子摔一跤没什么，并鼓励孩子自己爬起来。另外，虽然孩子大部分时间住在外婆家，家长仍会通过定期接孩子回家住，来维持亲子关系。虽然父母亲自带孩子更有优势，但隔代带孩子并不是绝对地一无是处。如果重视教育培养孩子的方式、方法，提高对孩子成长需求的认知，隔代带孩子并不是不可行的形式。当然，即便有了"合格"的祖父母，父母依旧需要定期在孩子面前"露面"，努力维系亲子关系。

做优秀孩子背后的优秀家长

再次见到 H 同学时，他已经临近研究生毕业，并且已经陆续拿到谷歌、微软、亚马逊 3 个大公司的 offer。看着 H 同学自信和淡定的脸，我不禁回想起来他从高中开始准备出国而一路走到现在的经历。谈到儿子的成就，H 妈妈一脸喜悦，满满的都是对儿子的骄傲。不少家长都对 H 同学的成长经历感兴趣，希望了解到怎么样的家庭环境和培养方式造就了今天的他。而我们知道，优秀的孩子身后，必然站着理解和支持他的父母。

● **优秀的孩子背后的"优秀家长"**

优秀的孩子，往往离不开背后"优秀家长"的培养和支持。H 同学的妈妈就是这样一个"优秀妈妈"。在接受了我们对 H 同学的祝贺后，H 妈妈发出了爽朗的笑声："不过欣喜归欣喜，我倒是不太意外。我这个儿子，总是让我很放心，觉得他想做的事情，一定能做到的。"对于从小对 H 同学的教育和培养，H 妈妈分享了以下几个心得。

① 最自豪的教育，就是站在孩子的角度去理解他

同理心是 H 妈妈在孩子教育中最引以为豪的特质。在 H 一路成长中，H 妈妈"放低身段"，始终把自己当成比儿子大几岁的姐姐，坚持站在儿子的角度和他对话。大部分中国家长面对孩子，喜欢塑造高高在上的"权威感"，并不屑于站在孩子的角度去理解他们，认为孩子只要听话就好，实际上是加深了和孩子之间的距离感。

H 妈妈选择做儿子的姐姐，是把自己和孩子放在平等的位置，这样更容易和孩子沟通，听取孩子的心声。一个妈妈变成姐姐，就是把自己降到与孩子平等的位置，不会认为孩子的需求是无理取闹，也不会包办孩子的生活，更不会强行干预孩子的选择。姐姐是走在前面的一个榜样，一个看得见摸得着的同龄人。在 H 同学遭遇青春期困惑、面对学业压力时，H 妈妈一直站在儿子身边，从同龄人的角度为他打气。不仅如此，H 妈妈甚至选择调去了更有挑战的工作岗位，和儿子一起努力进取，共同进步，为彼此鼓励打气。每当 H 遇到学业上的困难快要坚持不下去时，看看妈妈，就会继续咬牙坚持住。

② 给予孩子选择权，才能教会他们担当

H 同学高中时就读于浙江某重点高中，凭借着聪明的头脑和学习能力，进入了竞赛班。在竞赛班里，除了平时的学业，大多数时间都被投入准备奥数竞赛中。所有同学追逐的只有一个目标——奥数拿奖，然后获得名校保送名额。几乎所有的时间，包括寒暑假都被用来学习奥数，H 同学渐渐对这种拼搏感到了厌倦，他开始质疑这样做的目的是什么，所有同学的"同一个梦想"让他觉得毫无意义，他再也提不起兴趣学习奥数了。于是，H 同学在高二那年毅然决然作出了让所有人震惊的决定：退出奥赛班，准备出国留学。一石激起千层浪，所有的老师都出动来找 H 同学"谈心"，希望他不要放弃这个令所有学生羡慕的机会。然而，H 同学已经下定了决心，他告诉老师们："竞赛并不是我的激情所在，我也不认可把成绩看作评判学生的唯一标准，我想换个新环境去继续寻找自己的梦想。"面对儿子成熟而理智的言论，H 妈妈充分尊重了孩子的选择权。H 同学刚到美国读大学时，

选择的是经济学专业。逐渐地，他发现经济学更偏理论，缺少实践的机会，而自己更喜欢工科类的实践性课程。于是，H 同学开始学习电子工程学的课，学了一阵之后 H 发现电子工程太偏向硬件部分，而自己真正的兴趣所在是软件，所以 H 同学最终换到了计算机专业。

H 妈妈认为："很多家长与孩子沟通的误区，就是太把孩子当成孩子。其实他们不仅有主见，也比家长想象中更懂事，会为父母考虑。但很多时候当父母的不与孩子平等地商量，孩子们就会叛逆。我在教育儿子的时候，会告诉他父母的想法，告诉他各项选择的利弊，但最终的选择权，还是会交还给孩子的。"H 同学成长的过程中，一次次地印证了会作选择，拥有作选择的能力，是多么重要！H 妈妈认为，"作选择的能力是孩子一生的财富。让孩子自己作选择，他们才有内动力，才会对自己的选择负责。有担当的孩子，结果一定不会差"。

❸　父母要有一种胸襟，意识到孩子是世界的

不少家长对于孩子的控制欲非常强，从小时候的"吃喝拉撒"，到长大以后读什么大学，做什么工作，甚至什么时候结婚生小孩都要管。和这种类型的家长相比，H 妈妈一直都很"看得开"，她认为："我觉得为人父母，要有一种胸襟，就是要意识到孩子是世界的。我们把孩子带到世界上，他没得选择，那么今后的事情就应该让他自己选择。父母对孩子好，其实是天经地义的人性，并不值得过度称颂，更不应该将之作为道德枷锁去捆绑孩子，给孩子压力。虽然 H 留在美国，但如果有需要，我和他爸爸可以飞去美国看他；如果不需要，我们也可以过好自己的生活。"

● 优秀的孩子具有的相似特质

家长优秀了，孩子怎么会差得了？同时，在我们接触的优秀的孩子中，发现他们都有不少相似的特质。

❶　优秀的孩子会持续思考，勇于放弃

对大部分人来说，选择稳妥，拒绝改变是最佳方案。大多数人都倾向

于走别人期望中的、看得到的路。H 同学的优秀，正是体现在即便处在他人羡慕的位置，却没有被稳妥蒙蔽了双眼，依旧在持续思考自己想要的是什么，以及现实是否匹配自己的追求。一旦发现眼前的不再令自己满意，就可以勇敢放手，转而去追求心中向往的。这份敢于放弃的魄力，让 H 同学的人生充满了挑战，也更加精彩！

❷　优秀的孩子，会"合理"地树立目标

研究表明，成功人士通常都拥有很强的目标感。这里的"成功人士"，并非是指世俗意义上的"升官发财"，而是指能够实现自己想做的事。当有了清晰的目标后，内动力会相应增强，人们会有更强的专注力和持久力。优秀的孩子，往往会合理地树立目标，因此会有更多的机会实现它。合理的目标，可以分为如下5点。

S（specific）代表具体的目标。比起模糊不清的"远大"目标，清晰而具体的目标操作性更强。比如说，相对于托福要考到110分这个大目标，具体的目标就好比托福的听力、口语、写作和阅读各项要达到多少分。这样具体化的目标不仅看起来更清晰，操作起来也更有方向感。

M（measurable）代表可以衡量的目标。目标的可衡量性，可以帮助我们查看实现目标的进度。我们可以通过问几个问题来确定目标是可以衡量的。比如，我需要花费多长时间来实现呢？我怎样确定我的目标达成了呢？我需要做多少事来达到目标呢？当你的目标变得可衡量时，你会更好地安排整个过程，并且在完成的进度越来越多时获得更多的成就感和动力。

A（attainable）代表可以达到的目标。一个可以达到的目标，除了想要实现的心愿，必然是个现实可行的目标。不少家长对孩子寄予厚望：不论孩子的标化成绩、在校 GPA 怎样，都希望孩子能进美国前30的大学。达到这样的目标，对不少能力有限的孩子来说是非常困难的。考不到家长想要的分数，等待他们的往往是责怪和批评。孩子如果抱怨目标太高，会被家长说成"没有追求"或"没有树立远大的目标"。对大部分学生来讲，树立一个现实可行的目标更重要，不仅有利于完成，还能提升他们的自信

心和动力。

　　R（relevant）代表相关的目标。相关性强调了我们要制定一个要紧的目标。对于一个准备申请美国前30大学的孩子来说，提高自己的标化考试成绩，写一篇好的文书，保持好的学术 GPA 无疑是当务之急的，不相关的目标则是，学会做100道家常菜，掌握瑜伽108式，等等。

　　T（timely）代表适时的目标。一个好的目标必须要有时间限制，即需要被设定一个 deadline。有了 deadline，更能帮助我们有效、合理地安排好 deadline 之前的时间。如果目标缺少了 deadline，就会让我们缺少动力和紧迫感，容易让我们被现实生活中的琐事分心。

　　最后，H 妈妈说了一句话，让人深以为然：对父母而言，最好的爱，就是做好自己；对子女而言，最好的孝顺，也是做好自己。

家庭成员之间需要设立合理的边界限

在 Part 1 里，我们曾经讨论过设定家庭边界的必要性。边界这个词语对于中国人来说，在国家、疆域这些话题的层面上都是非常熟悉的，应该很少有人不理解这个名词。但是如果把边界这个词放在家庭关系这个层面来谈的话，我们很少能够真正理解这其中的含义。在我们的家庭关系中，大家会认为对亲密的依存要远大于对界限的设置。当我们一直生活在国内的时候，也许你无法意识到这对你的影响有多大，你会认为家庭关系原本就应该是这样的。可是一旦跨出国门，到欧美国家生活学习的时候，你会深刻理解一个边界感不清的人，会遇到怎样的麻烦和困惑。

● 个人边界的定义

让我们来看一看什么是个人边界。

根据维基百科的定义，个人边界是指个人所创造的准则、规定或限度，以此来分辨什么是合理的、安全的，以及别人如何对待自己是可以被允许的。

（1）物质界限决定你是否愿意给予或借出诸如金钱、汽车、衣服、书籍、食物等实物。当你不愿意的时候，你可以自在地表达你的想法吗？

（2）身体界限是指你的身体、隐私和个人空间等。你决定和这个人是握手还是拥抱？在谈话的过程中，哪些关于自己的信息是你愿意分享的，哪些又不是？你有属于个人的房间吗？当房门锁上你独处的时候，你是惬意的还是不自在的？

（3）心理界限适用于你的想法、价值观和观点。你很容易受人影响吗？你知道自己相信什么吗？能够坚持自己的意见吗？健康的界限不会让你随性向他人提出建议、责怪他人或者接受别人对你的埋怨。你不会因为别人的负面情绪和问题而感到内疚，也不会太在意别人的话。当你情绪激动、好争喜辩、防御性强时，那么很有可能你的界限比较薄弱。比较健康的心理界限是了解自己的感受，清楚自己和他人的行为及其后果，并且愿意承担责任。

● 未设立界限的后果

在典型的三口之家中，妈妈和爸爸之间，父母和孩子之间都需要设立健康的界限。曾经有个学生的妈妈控制欲很强，完全不尊重孩子的隐私，女儿卧室的门都以装潢设计的理由设计成单向透视玻璃，而且女儿的邮箱、社交账号密码之类，妈妈也全部知道。这位妈妈觉得女儿是自己生的，她的东西自己有什么不能看不能知道的呢？这些其实都是不尊重孩子，和孩子之间没有边界限的行为。结果女儿到了美国，脱离了妈妈的掌控范围后，就开始疯狂地叛逆起来，像脱了缰的野马，把之前欠的都补回来了。不仅交了家里人完全不认可的男朋友，而且经常"失联"，一个星期妈妈都联系不到她，只能去找老师试着联络。

后来老师和学生谈下来，发现这个学生也不是真的发生什么意外，就是之前被妈妈控制得太紧了，所以到美国以后就开始玩"失踪"了。如果在国内的时候，妈妈对孩子的控制欲没这么强，给孩子一定的空间和自由，在青春期的时候正确地引导，对孩子抱以尊重的态度，也不会发生这种事情了。我们介入后，真诚地聆听了她痛苦的感受，并帮她分析了为什么自己会有这样的情况，她真正的诉求和意愿是什么，她可以用哪些方式来正确而清晰地向母亲表达。在看到自己内心深处真实的意愿以后，她也被自己吓到了，她意识到自己这样的表达方式其实伤害最大的仍然是她自己。她交的男朋友其实也不是自己真正喜欢的，而是为了逃离妈妈的掌控而作的选择，同样在和男友的关系中她也看到了自己母亲的影子。她通过主动地学习这些心理学知识，慢慢学会了对人际边界如何处理。

再来看一些相反的案例，父母对于孩子过于溺爱和放任，最后导致孩子对家长的边界的侵犯。比如，妈妈从孩子出生就全职在家照顾孩子，对孩子有求必应，孩子的成绩就是一切，其他很多事情只要孩子喜欢就好，让孩子自己随意地作决定。除此之外，妈妈还认为自己的孩子非常优秀，没能客观地看待孩子的实际能力，以至于把学校选择等重大的选择权利也完全交给了孩子个人。这样的做法就导致孩子在选择自己喜欢的学校、专业、女友的时候完全无视家长的意见和态度，而妈妈对孩子的选择完全不能理解，觉得家庭不能接受这样的结果，自己这么多年的付出都白费了。剧烈的冲突由此产生。父母在和孩子的关系中，必须尊重自己的感受和需求，向孩子表达自己的边界和底线。应该提早设好边界，在孩子小的时候，行为习惯建立的时期就需要明确规则；在孩子重大选择等问题的处理上，要参与其中，表明态度，彼此之间可以有不同意见，但是可以讨论，告知孩子哪些是家长不可突破的底线。家长是孩子的监护人、教育的投资人，有权利有责任去监督孩子的学习、生活，并对他有合理的要求。除了学业，交友条件也需要设好边界。孩子可以不同意，但是家长不可以放弃自己表明家庭价值观的权利。如果我们在孩子青春期的成长阶段就开始这样的教育和沟通，后面发生的事情是可以避免的。

● 什么是健康的个人边界

那什么是比较健康的个人界限呢？简单说，健康的个人边界是对自己的情绪和行为负责，并且不对他人的情绪和行为负责。当我们说，一个人拥有较为清晰的个人边界，或者说这个人"边界意识好"时，就意味着他足够敏感和坚定，对于自我是什么样的人、什么是属于自己的，有着正确的认识，并且能够更好地保护自己，避免被他人控制、利用和侵犯。"边界意识好"的人，知道什么可以做，什么不能做，也清楚自己能够接受哪些对待方式，不能够接受哪些对待方式，既尊重别人，也保护自己。"边界意识好"的人，在人际关系上，能够与他人保持适合的距离，在与自己比较亲密的人面前（如父母、恋人、好友），或者比较强势的人面前，边界不会太小，不会变得没有自我、弱小、不够独立、没有安全感、不清楚自己的需求。而在陌生人或自己不喜欢的人面前，边界不会过大，不会过于个性、强悍、影响人际关系。

● 帮助孩子建立个人边界

家庭是帮助孩子建立边界的第一课堂，而父母又是帮助孩子建立人际关系界限的第一施教者，父母在孩子小的时候就需要做到以下几点。

❶ 尊重孩子的物品所有权，不随意处理他们的东西

一些在我们看来是废品甚至垃圾，在孩子看来是"珍宝"的东西，不能因为我们认为无用了而处理掉。在孩子看来，物品的价值往往不是用其金钱价值来衡量的，而是用其心理价值、情感价值来判断，这就是孩子把它们视为"珍宝"的原因。所以对属于孩子的东西，我们应该尊重孩子的所有权，可以替代处理，但需要事先了解孩子的意愿。

❷ 尊重孩子的感受，接纳孩子的情绪

这不等于满足孩子各种无理要求或者纵容孩子，而是相信孩子的情绪与感受，并且给予回应。同时家长需要同样尊重自己的感受，表达自己的合理需求，而不是为了孩子而一味地放弃自我需求。

③ 尊重孩子的隐私

对于自己担心或者有疑虑的地方，向孩子直接表达沟通，了解孩子的情况。

④ 尊重孩子的成长权

允许孩子"做不好"而继续去做，没有谁第一次做事就做得很好，孩子更是如此。比如从生活自理开始，在没有严重危险的情况下，允许孩子去尝试，尝试的过程中孩子不仅会有切身的感受，也会体验到自身的价值。允许孩子在内心受到打击之后有一个缓冲期，然后慢慢恢复和成长，这个过程就是孩子内心成长的过程。

⑤ 尊重孩子的选择权

有的家长可能会觉得，有些选择会有不利影响，允许自己的孩子自由选择好像不合适。那就通过沟通去引导孩子，而不能强求孩子。如果孩子听不进去，那不妨尊重他的选择，当他感受到负面影响的时候，他自己就会去思考并重新选择。孩子的选择权包括：自己穿什么衣服、鞋袜；自己是先做作业还是先看动画片；自己和谁做朋友；自己的零花钱如何使用；自己课余时间看些什么书，学些什么特长；自己的房间如何布置；等等。

学生可能会遇到由于人际之间边界不清而造成的困扰，比如，为了讨好别人，而放弃自己的权利；拒绝别人时，心情不好或者感到愧疚；为了得到别人的关爱而故意崩溃；当被别人糟糕对待的时候忍气吞声。这时候我们往往比较难以辨别自己到底是出于义务还是自愿的牺牲。可以简单地测试一下自己："如果我不再这么做，关系就会怎样变化呢？"如果你发现自己真的害怕这种变化，这就是一个边界感较模糊的信号。假如你认为结果虽然不太愉快，但是你自己能够停止表演时的行为，并没有觉得太多异样的话，那就是比较好的信号。

● 尝试用自己的方式建立个人边界

我们在原生家庭中并没有得到这方面的培养，但遇到这方面困惑的时候，也不用担心，可以用一定的方法尝试慢慢改变自己的状态。

① 明确我们自己有建立个人边界的权利

我们有权利保护自己的隐私，有权利拒绝自己不愿意做的事情，但是也要知道当你拒绝别人的时候，也要允许别人如此对待自己，并能够承担。只有建立自己清晰而坚定的界限，别人才会尊重你。

② 分辨出哪些是自己无法接受的行为

安静地想一想：自己对于哪些行为是无法接受的，如果下次再发生相似的行为，你又会如何应对？

③ 别人的需求和情绪不一定比自己重要，要学会拒绝

当个人边界被冒犯的时候，识别的信号之一就是发现自己是生气的、不舒服的。这时候，你需要把自己的感受清楚而合适地表达出来，而不是让情绪控制自己，并认为把情绪传递给对方是正确的表达方式。

别让"散养"的想法害了孩子

习惯的养成
Cue+Routine+Reward+Belief

　　为什么我们要坚持家长可以不在乎学校的录取结果，但是一定要在乎留学准备过程中孩子核心能力的提升呢？

　　就像龙应台在《亲爱的安德烈》里写道的："**孩子，我要求你读书用功，不是因为我要你跟别人比成绩，而是因为，我希望你将来会拥有选择的权利，选择有意义、有时间的工作，而不是被迫谋生。当你的工作在你心中有意义，你就有成就感。当你的工作给你时间，不剥夺你的生活，你就有尊严。成就感和尊严，给你快乐。**"

　　孩子不是一定要去名校就读才能"出人头地"。美国有四千多所各具特色的高校，总有适合孩子的学校。我们也很欣慰地发现，越来越多选择送孩子去美国读书的家长开始意识到，适合孩子的学校才是好的学校。

　　我们强调的是，通过留学准备的过程，提升孩子的核心能力，适应将来美国的学习和生活，让孩子未来过有尊严的生活。

　　我到现在还记得自己刚进入留学行业时经手的学生 Y。Y 的妈妈事业有成，信奉给孩子快乐的童年，因此，Y 在国内小学、初中都轻松度过。

为了让 Y 可以在高中继续快乐，而不需要和其他学生千军万马挤高考的独木桥，Y 的妈妈决定让 Y 在国内读完初二后到美国读9年级。

临去美国前，Y 告诉我们她的理想是当律师，梦想的大学是耶鲁。对于一个去美国读9年级的学生来说，一切皆有可能，我们都鼓励 Y 追逐自己的理想。

在美国高中读书期间，Y 确实过得很快乐。在那里，分数不是唯一衡量标准，同一个年级课程也有难易之分，学生可以根据自己的需求和程度自由选课。美国家长不认为孩子一定要去哈、耶、普这类名校就读，他们信奉适合孩子的学校就是好的学校。美国的蓝领工资不低于白领，而且受社会尊重。

其间我们也提醒 Y 的妈妈要对 Y 提要求，让她上一些有挑战性的荣誉课程或 AP 课程（大学先修课程），可是 Y 的妈妈对我们的建议没当一回事。

4年高中结束后，Y 去了加州的一所社区学院读书。Y 选择去社区学院，不是因为想转学进入像加州大学伯克利分校这类顶级名校，而是因为没有信心去考 SAT，而且高中平时成绩 GPA 也非常一般。

后来 Y 请教我签证的问题，我和她有了一次交谈。虽然在美国接受了4年教育，Y 并没有比4年前有更大成长。她的英文程度一般，没有很好的知识储备和逻辑思维能力，没有理想，对未来茫然，不愿意为了实现目标而付出努力。

● "散养"让孩子缺乏自律能力

在我们经手的学生群体中，有一部分家长和 Y 的妈妈一样，选择送孩子去美国，希望孩子可以更快乐，不用被国内的应试教育磨灭天性。

和害怕孩子输在起跑线上的"焦虑"家长相反，他们不会强迫孩子去上各种兴趣班，而是"尊重"孩子，不压抑孩子的天性，让孩子随心所欲。

和这些学生、家长深入接触时，我们发现了孩子的共性：回避挑

战，知难而退。细问下来，我们发现这些孩子小时候都上过兴趣班，可是当碰到困难或瓶颈时就放弃了，而父母也听之任之，并不说服孩子坚持下去。

这样"散养"的结果，便是错过了培养孩子自律的关键时期。这些孩子通常没有遵守 deadline 的观念。因为碰到困难就放弃，孩子也没学会坚持，意志力薄弱。

研究表明，一个人若能够在各种打击下依然坚持不懈地努力，则更能让这个人成长进步。这就是我们说的"意志力"。罗伊·鲍迈斯特和约翰·蒂尔尼在《意志力》一书中所写，意志力不是"技能"，而更像"肌肉"。长期坚持锻炼，肌肉会变得结实，而过度使用，则会变得疲劳，若长期不锻炼，肌肉会变成肥肉。因此，就像训练肌肉一样，我们需要设置切合实际的目标，监控进展，在动摇之际坚定信念，长期艰苦地锻炼意志力。

凡是学习优秀、课外活动表现突出的学生，都很独立自律；而学业出了问题，又难以融入美国学校的学生，通常自控能力都很弱。

当孩子小时候提出要学跳舞或钢琴时，父母就应该和孩子约定学习目的，在孩子碰到困难时鼓励孩子坚持下去。通过这个过程，训练孩子的意志力，让他们变得勤奋，在瓶颈期仍能坚持、鞭策自己继续努力。有了这个基础，孩子才能慢慢地从"他律"转变成"自律"。这种意志力将陪伴孩子终生，在他们以后的学习，甚至毕业后的工作中，让他们能够取得成就。

● 抓住留学准备过程的第二次机会，培养孩子的自律能力

当孩子在国内学校出问题时，很多父母会选择送孩子去国外读书，希望在尊重孩子天性的西方国家里，孩子能够有所改变和成长。

通过多年的观察，我们发现，虽然孩子是因为不认可或不适应国内应试教育而去了美国，但是如果父母在此之前已经有意识地培养了孩子的自律和自学能力，那么这些孩子去了美国后会如鱼得水，即便短期内也会有

惊人的变化。可是如果孩子是因为父母"散养"，缺乏自律能力，即便去了美国换了土壤，在国内出现的问题仍然会在美国重现，甚至更严重。这些孩子已经习惯"被安排好"的生活，突然少了父母的管控，即便他们想做到自我控制也很难，在适应新的环境时碰到困难，也习惯性地逃避。这种逃避本身就让孩子异常挫败。

美国家长注重培养孩子的独立精神，美国学生从小就懂得安排自己的学习和生活。中国家长送孩子出国时，期望学校会严格管理学生，然而，学校老师用美国的标准看待中国孩子，期待孩子能管好自己，有困难时主动找老师商量。这个观念的差异，是国内家长和美国学校最大的冲突所在。

父母如果错过了小时候培养孩子"自律"的黄金期，就应该抓住留学准备过程中难得的第二次机会，进行相应的修复。如果再次错过，孩子去了美国读书，远离父母，而父母寄希望于孩子去了美国就拥有自律能力，无异于痴人说梦。

● 留学准备过程中，父母可以怎么做

也正因为目睹太多的学生的留学"挫败史"，择由教育的理念从一般留学机构的"成功留学"转变为"留学成功"。**在孩子留学准备的过程中，我们希望通过提供一系列的服务，帮助孩子更好地理解美国文化和教育体制，让学生在过程中学会设定目标、拆分目标，拥有时间管理的基本技能，养成阅读习惯，提升阅读能力。我们希望在留学准备的过程中通过提高孩子一系列的核心能力，让他们抵达美国后，能够更好地适应当地的学习和生活。**

❶ 父母改变自己的观念，意识到有原则地管教孩子的重要性

父母要想影响和改变孩子，必须先从改变自身的观念开始。父母要意识到，培养孩子的自控力，养成孩子良好的学习和生活习惯是一件重要的事情，这样，父母才能在准备留学过程中，有意识地引导孩子。

❷　**循序渐进地自我控制训练**

正如哈佛大学的教授泰勒·本·沙哈尔（Tal Ben-Shahar）在"哈佛幸福课"这门哈佛最受欢迎的选修课里分享的，虽然自控力很重要，但是保证我们高效运转的其实是习惯。不管是"学霸"还是社会精英，他们都有依靠后天构建起来的良好习惯体系。

Part 1中，我们曾提到，在《习惯的力量》这本书中，查尔斯·杜希格认为习惯的形成依赖4个部分：提示、惯性行为、回报和信念。**如果需要建立一个习惯，这四者缺一不可。**比如刷牙习惯的形成，提示就是牙膏，管理是刷牙，回报是口腔清新干净的感觉，信念是长期刷牙有助于保持口腔健康。

按《习惯的力量》的理论，父母要想帮助孩子养成阅读的习惯，首先要把书放在能经常看见的地方，提醒孩子，然后用一些方法使孩子的回报感增强。比如父母可以和孩子讨论交流读书心得，积极反馈，无形中增强孩子的成就感。此外，父母还需要和孩子分析阅读的重要性，并在过程中鼓励孩子，让孩子相信自己可以坚持阅读。这样，孩子的阅读习惯才能形成。

❸　**注意培养孩子成为一个成熟的社会人所应该具备的能力**

越是名校，越关注学生的世界观、价值观，以及他们的性格和能力。父母应该在孩子准备留学的过程中，帮助孩子在理解美国学校的录取标准的前提下，发现自己、提升自己和完善自己。通过和孩子深入讨论，挖掘孩子的兴趣爱好、闪光点和理想抱负；在孩子参与活动中，指导孩子提升沟通能力、解决问题的能力，并帮助孩子拥有做事情的条理性，养成有耐心和坚韧的性格；通过解读美国学校对"社会责任感"的要求和推荐阅读书目，影响孩子的世界观、价值观，最后让孩子找到自己的人生目标。

在留学准备的过程中，虽然家长有意识有方法地管教影响孩子比放任孩子自由发展难得多，但是对孩子的未来成长却至关重要。

学会放手，得体退出

　　相信很多父母送孩子去机场，看着他们挥手告别，都会感慨：当年那个还缠着我们的孩子，一瞬间，已经要离开我们，去美国这个陌生的国家学习和生活。而父母只能在后面依依不舍地望着孩子渐行渐远的背影，告诉自己，即便再不舍，我们也要学会放手。

　　就像尹建莉在《最美的教育最简单》这本书里写的，"**母子间的感情应该是绵长而饱满的，但对孩子生活的参与程度必须递减。强烈的母爱不是对孩子恒久的占有，而是一场得体的退出**"。

　　英国精神病学家约翰·鲍比（John Bowlby）在20世纪50年代提出依恋理论（attachment theory）。依恋理论认为，我们心理的稳定和健康发展取决于我们的心理结构中心是否有一个安全基地。在我们小的时候，这个安全基地更多地是由妈妈来承担的。如果妈妈"足够好"，孩子长大后就有了内在的安全感。在孩子还小、最依赖父母的10年里，父母应该用心教养，提供依靠，给予孩子足够的爱和关注，让孩子拥有充足的安全感。这也可以让父母和孩子形成良好的亲子关系。

　　而在孩子进入青春期后，父母就应该学会慢慢放手，培养孩子的独立能力。孩子离家读大学，形成自己的新生活后，父母更应该学会放手，因为这是家庭生命周期里的一部分，是自然、正常的阶段。家长要顺应这个自然规律，学会放手。

可是很多父母却做反了顺序。在孩子最需要我们的生命头几年，忙着打拼事业忽略孩子；在孩子步入青春期想要独立时，又过多操办孩子的生活，让孩子有窒息的痛苦。

● 父母过度操控，让孩子逆反或产生无力感

学生 J，从小就沐浴在父母和爷爷奶奶无微不至的关爱中。从吃喝拉撒，到每天穿什么衣服，每个小时做什么，他的生活从来都是被家长安排好的。进入青春期后，J 逐渐开始对父母过度的"关心"产生了强烈的逆反情绪，经常因为各种生活琐事和他们发生冲突。

虽然 J 的在校成绩很出色，平时学习生活也都安排得满满当当，但父母还是觉得不够，认为 J 要做到更好才行。J 平时唯一的爱好就是打游戏，但父母认为玩游戏是"玩物丧志"，双方也因此事爆发过无数次"战争"。除了逆反父母，J 与父母也逐渐变成了"零沟通"，父母说什么他都没有任何反馈，像一滩"死水"，这让他的父母感到很是失望和伤心。

除了游戏，J 和父母还会在穿衣方面发生矛盾。因他的父母从小到大一直管理他的穿衣方面，这导致了已经是高中生的 J 还不会自己挑选衣服，并因此缺乏审美观念。最终，J 和父母作了书面的约定，请他们不要再控制自己每天穿什么衣服。

而在我们的留学服务生涯中，我们接触过各式各样过度控制孩子的客户。有些家长的孩子已经在美国读大学并准备研究生申请，即便这些家长对研究生申请的标准和要求不甚了解，仍然千方百计想要给孩子出谋划策。这些家长都有个共同特点：喜欢包办孩子的生活和学习，美其名曰一切为了孩子。

父母管控孩子，并不是绝对的坏事。**在孩子年幼的时候，适当的管控可以帮助孩子从他律转变为自律。而过度的管控，却会让孩子产生强烈的**

逆反心理，攻击性变强，在人际关系方面经常存在困难，遇到挫折、失败时，很容易做出偏激的行为和反应。经过我们这些年的观察发现，父母管得很细致的孩子，一旦到了美国，往往会努力脱离父母的控制，或处处和父母作对，不听从父母的建议。

正如威廉·J·斯托克顿（William J.Stockton）在《现在全明白了》（*Now It All Makes Sense*）这本书中写到的，"在孩子没有成长起来可以依靠自己的自律之前，在他们仍处于学习管理自己的时候，父母的控制会帮着孩子应对外界。这种教化的过程教会孩子如何去恰当地应对自己原始的强烈需求，并且提供安全感来克服他们担心自己的冲动不可收拾的恐惧。在正常的情况下，父母会在施加控制和允许孩子通过自己犯错误来学习之间取得平衡，但是如果父母过度地控制孩子，那么孩子就会充满无助感和愤怒，而这愤怒是他没有能力自己处理的"。

● 父母和孩子分离，是换种方式爱孩子

和孩子分离，本来就不是一件容易的事。可是身为父母，懂得分离对孩子成长的重要意义后，都会选择放手。放手不代表我们不再爱孩子，和孩子分离也不意味着我们从此退出孩子的生活，而是换了一种更适合的方式来爱我们的孩子。

试想一下，有多少父母愿意看到孩子成年后还不能自立，需要依附父母生活呢？更多父母是希望孩子羽翼丰满，能够离开父母的保护和照顾，独立自主地生活，乐观走过人生的困境。

父母要意识到，孩子已经长大了，不能再把他们当成小孩子。在孩子步入青春期时，父母应该学会尊重孩子，给孩子自由，让孩子独立。安娜·昆德兰（Anna Quindlen）在《不曾走过，怎会懂得》（*Lots of Candles, Plenty of Cake*）这本书里写道，"**有一种爱是为了分离。在这个世界上，所有的爱都是以聚合为最终目的，只有一种爱是为了分离，那就是父母对孩子的爱。父母真正成功的爱，不是把孩子留在身边，而是培养孩子独立，放手让孩子走**"。

● **父母如何得体地退出孩子的生活**

所幸的是，很多父母基于对孩子的爱，愿意去学习，去阅读和教育学、心理学相关的书，来调整对孩子的教育方式。

我们另一个学生 E，在成长过程中，妈妈对女儿管理得很细致。E 为了顺应妈妈的要求，从小参加一系列的课外活动，上各种才艺培训班。结果便是 E 看似"琴棋书画"样样都懂，但是都是蜻蜓点水。E 的妈妈也意识到自己的教育方法出了问题，明白自己需要放手让女儿独立自主。在申请过程中，妈妈就多次和我们说，希望尊重孩子，让孩子学会为自己作决定。可因长年被妈妈管控，E 面对突然而来的自主权有些无所适从。在讨论 early decision 的学校时，E 总是尝试挑战妈妈的底线。虽然 E 和妈妈的目标都是 Top20 的美国大学，但是 E 会故意提出要 ED 美国综合排名21名之后的学校，一边提出这个建议，一边看妈妈的反应，以此试探妈妈是否真正地放手。

父母在过往的十几年里一直对孩子严密管控，并一厢情愿地认为，即使突然放手，孩子也会拥有自主的能力。这无异于"痴人说梦"。因此，父母要想得体地退出孩子的生活，需要在孩子的成长过程中，慢慢和孩子分离。

（1）尊重孩子的自主性，让孩子逐渐学会为自己作决定，并从错误中吸收教训。在孩子的成长路上，父母要鼓励孩子自己探索，自己作决定，循序渐进，让孩子逐年拥有更多的自主权。即便他们在决策中会因为自己的决定犯错误，我们也要允许孩子从错误中学习。

（2）让孩子学会对自己的行为负责任，同时帮助孩子通过学习和实践提升自己的各种能力。比如孩子要举办一场活动，父母可以和孩子沟通，给孩子一些关于举办活动的建议。在孩子碰到挫折时，可以和孩子讨论是哪些因素导致活动不顺利，但是不能包办过程。

（3）尊重孩子的意愿。举例来说，在留学申请准备的过程中，在选择确定申请的大学时，父母总喜欢帮孩子挑选学校，往往以学校的排名为主，而忽略了这所学校是否适合孩子，孩子是否真的喜欢这所学校。如果父母能够尊重孩子，让孩子作决定，在过程中给孩子建议，孩子会有更强的参与感。即使在美国大学读书期间遇到挫折，也能学会去面对解决，而不是抱怨父母逼迫自己去了这所学校而导致诸事不顺。

同时，父母应该为自己的快乐、幸福负责，不应该把生活的重心都放在孩子身上。只有父母有自己的生活，能过得很开心，孩子才能放心"出走"，离开父母。

最后引用台湾作家龙应台《目送》这本书的一段话，来表达父母对孩子的爱的分离感受："我慢慢地、慢慢地了解到，所谓父女母子一场，只不过意味着，你和他的缘分就是今生今世不断地在目送他的背影渐行渐远。你站立在小路的这一端，看着他逐渐消失在小路转弯的地方，而且，他用背影默默告诉你：不必追。"

纠结的父母会弄丢孩子的机会

　　在留学准备过程中，父母和孩子会面临一系列的选择，大如选择确定入读什么学校，小到SAT2考什么科目。这些选择往往没有绝对的好坏之分，最重要的是根据孩子的实际情况和真实需求，作出合适的选择。

　　可是很多家长，都会在我们把前提条件与他们达成共识，把每个选择的优劣势分析透彻后，还不停地追问我们：我们究竟应该选哪个？表面上他们是信任我们，因为我们是留学行业的资深人士，我们更权威，在留学事宜上更有话语权。**实际上我看到的是这些家长的焦虑，因为焦虑而导致他们的纠结。这些家长之所以优柔寡断，是因为他们在潜意识中寻找"标准答案"，他们总希望作出正确的选择，生怕"错误"的选择会耽误孩子。**

　　无论家长为孩子付出和牺牲之心有多强烈，在做决策时多谨慎，他们并不能通过推迟选择来避免"犯错误"。同时，**焦虑的情绪是可以传染的。当父母总是陷入焦虑当中，即便他们竭力作出了看起来"最正确"的选择，**

仍然可能出现这样的情况：他们的孩子担心这个选择是错误的，并且在碰到困难时质疑这个选择。也因此，孩子在留学准备的过程中和在美国求学期间，错失了更多的机会。

● **父母的焦虑情绪，让孩子碰到困难就逃避**

我们先来看一个真实故事。

在是否送儿子 L 去美国读高中这件事情上，L 的妈妈纠结了至少一年。在这一年中，L 的妈妈多次找我们商量。一方面，她希望儿子去美国高中接受更好的教育，提升核心能力，不需要被国内的应试教育磨灭了天性；另一方面，她又担心儿子英文基础不够扎实而不能适应美国的教育体制，还担心儿子因为性格比较内向，不能在美国结交朋友。

和妈妈确定要去美国留学后，L 就决定只申请一所他最喜欢的高中。即便如此，L 的妈妈仍然纠结了半年，直到这所高中申请日期截止前一天才确定申请。在准备签证期间，L 的妈妈又开始担心 L 去了美国后会出现种种不适应。最后，虽然成功入读了喜欢的高中，到了美国不到一周，L 就吵着要回国。因为是 L 单方面的原因要退学，根据在入学前签署的协议，学校不会退还已经支付的四万多美金的学费。即便如此，L 的妈妈最后还是给 L 买了机票回国。L 的留学计划，最后变成美国高中两周游。

在和 L 沟通时，我发现 L 的妈妈当初担心的所有问题，在 L 去了美国后都"噩梦成真"。而面对这些困难，L 首先想到的就是留学这个决定是错误的，因而马上就要求回国，而不是去努力克服这些困难。

● **父母的焦虑情绪，容易让孩子不自信**

在 L 的妈妈身上，我还看到她的忧虑和悔恨。她总是为已经发生的事情感到悔恨，同时又为可能发生的事情而忧虑。在 L 的留学决策中，她陷入无止境的忧虑当中，在 L 闹着要退学回国时，又再次不停懊恼自己作出的选择。因为陷入这两种负面情绪中不可自拔，L 的妈妈错失了采取实际行动的时机。L的妈妈并不是个案，在我们经手的学生中，父母越是纠结和焦虑，孩子就越不自信，越容易逃避困难。

父母的负面情绪通常都会传染给孩子。不管多小的孩子，出于要依赖父母才能生存的本能，天生善于感知父母的情绪。当父母焦虑时，会倾向于负面评论孩子，这很容易成为孩子眼里的事实。美国的一项调查发现，如果父母患上焦虑症，与他们生活在一起的孩子患上焦虑症的风险是正常家庭孩子的7倍！

焦虑过度的父母往往会影响孩子的自信。美国约翰霍普金斯儿童中心研究发现，焦虑的父母会对孩子表现出较低的热情和情感，取而代之的是较高的批判和怀疑的态度。焦虑的父母会忽略鼓励和认可孩子，而更容易对孩子"严苛"。他们会习惯拿自己的孩子和别人的孩子作比较，数落孩子的不是，在孩子做得不够好时责罚他们，甚至越俎代庖为孩子作选择。结果孩子不仅仅被父母传染了焦虑情绪，也会对自己的选择不自信。

● **父母应该采取措施消除悔恨和忧虑情绪，以积极的心态影响孩子**

父母要直面自己的负面情绪，同时懂得去控制和消除这些情绪，从而避免自己的负面情绪影响到孩子。

父母应该采取什么措施来消除悔恨和忧虑情绪呢？

首先，父母要意识到自己的负面情绪，用积极的思想和行为正视自己的恐惧心理。韦恩·W·戴尔（Wayne W. Dyer）在《你的误区》（*Your Erroneous Zone*）这本书提道，"内疚悔恨同其他自我贬低情感一样，是一种选择，是你可以控制的情感"。一旦陷入对过去的悔恨中，要提醒自己，过去的事情不管我们如何悔恨，也是无法挽回了。

其次，我们可以通过采取实际行动来消除我们的悔恨和忧虑。如果让我们遗憾的事情已经发生了，我们可以通过努力解决所要避免的问题，来消除我们的悔恨心理。如果我们对某些事情很忧虑，也可以通过采取行动来解除这些忧虑。如果 L 的妈妈在担心 L 不能适应美国高中的学习和生活时，就通过给他额外上英文补习课提升他的英文能力，同时鼓励他让他变得更自信，来帮助儿子适应美国高中，那 L 的留学计划也许会更为顺畅。

● **选择没有是非之分，父母应该引导孩子，努力让选择变成最好的结果**

焦虑让父母总是难以选择，但是还有很多父母陷入总想作出最正确的选择的误区而无法作选择，最终让孩子错失了更多机会。

我们再来看一个真实的故事。学生 M 梦想的学校是康奈尔大学。M 对康奈尔大学心心念念的核心原因是他的一个师兄被康奈尔大学录取了，他的父母认为 M 和师兄同等优秀，所以也应该进入这样的常春藤名校。同时，M 因为高二才决定出国，时间仓促，如果选择申请康奈尔大学的 ED，会因为 SAT 分数不够突出而被拒，因此想等到12月 SAT 考得更高分时，再申请康奈尔大学的常规批次。

在和 M 沟通过程中，我们引导 M 去深入了解美国不同的大学，不要盲目相信排名来选择学校。在我们推荐给 M 的学校中，M 通过自己的了解，开始喜欢上莱斯大学，发现莱斯大学更适合他。在了解了提前申请对美国大学录取结果的重要影响后，M 想 ED 莱斯大学增加录取概率。根据我们的经验，如果 M 当时 ED 莱斯大学，是有非常大的概率被录取的。可是因为莱斯大学排名和名气都不如康奈尔大学，他的父母坚决反对。

最后康奈尔大学和莱斯大学都没有录取 M，M 去了前30的另一所大学。在申请季结束后，M 和父母都很懊悔没有听从我的建议 ED 一所学校。我劝解 M，木已成舟，我们应该把重点放在如何更好地适应美国大学上，而不是去后悔过去的选择。

每年的申请季结束时，总是有很多像 M 一样的学生和家长告诉我，他们多后悔当初推迟选择或者执意孤行而错失申请良机。**我们也一再呼吁，**

在和孩子商量讨论留学决策时，父母应该尊重孩子和鼓励孩子。父母应该意识到，所有选择都没有是非之分，而只是结果不同而已。就比如说，孩子选择 A 大学放弃 B 大学，在孩子入读 A 大学碰到困难时，应该告诉孩子，所谓最好的最合适的大学本来就是不存在的。即便他入读了 B 大学，也可能会遇到在 A 大学碰到的困难，或者遇到其他困难。同时鼓励孩子努力解决在 A 大学碰到的困难，通过自己的实际行动，让孩子的选择成为最好的结果。只有这样，我们才能避免陷入纠结的状态，避免作出选择后陷入懊悔的负面情绪。只有父母放下焦虑，情绪稳定，才能不强施压力和重负给孩子。而只有父母能以积极心态给孩子提供支持和鼓励，才能引导孩子学会积极正面地生活，学会自我规划，学会勇敢面对困难和挑战，也才能把握机会。

告别中国式"乖乖女"

"我家小 H 最近都急病了，老师你们怎么还没帮她找到房子啊？都快开学了！"学生 H 的姨妈突然开始了一轮"轰炸"，让老师们措手不及。小 H 是准备秋季去美国读大学的女生，是个标准的中国式"乖乖女"：性格温婉，乖巧，缺乏主见，十分依赖他人。她申请学校宿舍晚了，导致只有校外的公寓可以选择。和其他"乖乖女"一样，小 H 在选择方面没什么主见，对找什么样的房子完全没有想法，于是把问题推给家长，家长就只有来找老师解决。老师给小 H 列了几个租赁公寓的网站，并且耐心地教她该怎么填写申请，以为对托福成绩较高的小 H 来说，这完全没任何问题。结果几天后，老师就遭遇了小 H 姨妈的"轰炸"。茫然的老师只有解释说明，几天前已经详细而全面地向小 H 讲解过，如何在她大学附近搜索并申请符合自己条件的公寓，小 H 当时也表示没有任何问题。"她一个女孩子，能知道怎么选吗？按我们的要求找：第一，房子不能离学校太远；第二，租金不能超过每月 XXX 美金；第三，房子要带家具。就这样好了，你们找好了跟我说！"姨妈继续用不容置疑的口吻下达命令。后来，在整个找房子的过程中，小 H 再也没出现过，全部由姨妈代劳了。

　　我们的另一个女学生，都已经大三了，打算去美国读研究生了，却还被父母"捧在手心里"：不仅来见老师的来回都由司机接送，每隔半小时妈妈还会打电话来问问情况，和她说，任何事情都需要先和妈妈商量商量，再回复老师。这个学生告诉我们，从小到大父母都特别宠爱她，只要她听话，要什么给什么。然而，她越来越觉得生活不自由了，所有事都是由妈妈作决定的，从穿什么样的衣服，到去哪所大学，交往什么样的朋友。2016年开始，妈妈甚至开始帮她找男朋友：妈妈会根据条件先"筛选"一轮，再让她加微信单独聊天，还需要掌控她和男生聊天的"进度"。这个学生平时看起来十分文弱乖巧，但是谈起出国，态度十分坚决："再这样下去我觉得不行了，我一定去美国见见世面。去了美国，我爸妈就不会一直管着我了，我想试着改变自己，觉得自己现在根本长不大。"听了这个学生的故事，我第一次觉得家长的爱会如此"可怕"，可怕到让女儿完全不快乐，可怕到可以完全夺取女儿的人生！

● 当中国式"乖乖女"遇上"美利坚"

　　在留学群体中，像她们这样的"乖乖女"还有很多很多。回想起在美国多年的留学生活经历，我不由得为"小H"们将来的留学生活感到担忧。去美国做高中交换生出行前，我准备了3个"巨无霸"型号的箱子。还没出门呢，外婆就已然泣不成声："你一个人带这么多行李去外国，还转3次飞机，可怜的乖乖怎么拿得动？"我只能耐心解释："机场有行李推车，不用我拿。转机也有工作人员拿行李，我又不会一直拎着。"妈妈倒是一路淡定，在申请大学、选宿舍、选课上一路"放手"，美其名曰："反正我也不懂英文，也不知道美国的情况。你从小学开始就学英文，遇见不会的再查字典，问老师同学解决呗。"从那以后，在美国的学习生活中，少了妈妈作为"军师"，我只有为自己"挺身而出"，出谋划策了。

　　拿到好的申请结果从来都不是结局，留学也不是美好生活的开端，只不过换了个场地继续"战斗"而已。中国式"乖乖女"，基本从小在家里被管得很严，父母以培养出温顺、听话、乖巧的女儿为荣。从小到大，不少女孩都被要求"成绩好，听爸妈的话，不要早恋"，得到的赞美通常是"你好乖巧""我家女儿好听话"。得到父母称赞的女孩会为了得到更多的认同越来越努力去做个"乖乖女"。殊不知"乖乖女"大多是循规蹈矩、缺乏主见、依赖他人、没有独立精神的代名词。在择偶阶段，不少中国男生也希望女朋友要听话、要乖。甚至有一个来自名校的男同学声称，女朋友什么都要顺着他才行，成绩不能比他好，思想更不能越过自己。

在美国这片张扬女性独立自主精神的土地上，中国式"乖乖女"只会举步维艰，承受巨大的压力。当到达了美国，远离了父母的"庇荫"后，生活和学业都变成了自己的。在美国多元的环境中，没有什么是绝对"正确"的道路。你需要有自己独立的思考能力和决断力，为自己在生活上和学业上作出大大小小的选择。从选宿舍到自己去买家具装家具，从在几百门几千门课程中选择下学期的课表到专业的选择及申请，从和房东"斗智斗勇"讨回租房押金到和"奇葩"室友"过招"，父母眼中的"乖乖女"们真的有勇气和能力去一一面对，并且解决问题吗？在西方的文化中，女性拥有独立的人格、自主的决心和选择的勇气，才能拥有自己的人生，对自己负责。

● 告别"乖乖女"，成为独立自主的女孩

① 培养自我意识

作为一个独特的个体，我们需要知道自己是谁，自己有什么样的特征，自己有什么样的喜好。每个人都是特别的存在，"我"不需要因为他人有什么样的喜好、作出什么样的选择就一味被动地去顺从他人，作出相同的选择。"乖乖女"们明显的特征就是缺乏自我意识，更多的是作为"父母的女儿"的身份出现。连自己是谁，自己的喜好是什么都不知道，如何去为自己作选择呢？

② 减少对他人的依赖

女儿对父母的依赖，更加增强了父母"被需要"的感受，觉得自己在

孩子面前更有价值了，会给孩子提供更"全面的"照顾。在父母无微不至的关爱下，女儿会更加"丧失"自己独立自主作决定的能力。这样的恶性循环需要停止。在面对挑战和困难时，我们需要努力靠自己的能力去解决，一味地依赖他人并不会让自己变得更坚强、更有能力。当自己能依靠自己来解决更多的事时，自信心和自尊心也会大大提高。

③ 提高情感上的独立性

除了在生活中，"乖乖女"需要减少对父母、对他人的依赖，情感上也需要独立起来。不少在国内习惯依赖父母的女生出国后，因为情感方面的空虚会匆匆投入一段恋爱中，把男朋友当作依赖的对象。然而，在情感上依赖他人，容易导致自己的情绪会随着他人大幅度变化。在感情不顺利的时候，更容易变得失望和痛苦。情感的健康，不仅需要我们从父母、朋友、恋人等处得到足够的社会支持，更需要保持独立、自我的空间。

④ 尝试踏出"舒适区"

如果呆在自己熟悉和舒服的领域，不去挑战自我、探索新的事物，人很难成长并获得更大的发展。"乖乖女"通常被家长保护得太好了，在"温室"中慢慢失去了勇气和探索的决心。因此，留学也是一个好的机会，可以帮助我们去发现不一样的自己，发掘自己以前从未展示过的潜力。做够了"乖乖女"，难道不想看看外面的世界有多精彩吗？踏出"舒适区"，并非需要我们去"蹦极"，去做其他危险的事来证明自己。独自一个人乘飞机，独自一人做完一场演讲同样是好的方式。

⑤ 学会独立地作决定

当你学会不依赖父母或他人，独立地作一个决定的时候，会大大地提升你作选择、作决定的思考能力。另外，你的决定不会再受制于他人，更多的是关乎自己，同时会提升自己对作出的决定的责任感。不少家长觉得孩子学习缺乏主动性、责任心，这其实也是家长"照顾"得太好导致的。如果凡事都由父母帮忙分担、解决，那么学生自己的压力和责任心就会小很多了。很多家长会担忧："我的孩子还小，万一作了错的决定怎么办呢？"

你更难想象的是，未来她的人生中遇到更多不快乐、艰难甚至痛苦的事情时，她该怎么去面对。如果她只能当一个活在别人期望下、别人赞赏下的女孩，而无法成为一个坚强勇敢、独立自主的人，那么，她的人生也注定没有办法变得更好。

⑥　通过提升独立性增强自尊心和自信心

当我们实现了个人方面的、情感上的、社会上的，以及经济上和职业方面的独立，我们会觉得更有成就感。这样的成就感会改变他人对你的看法，会增加对自我的正面评价，从而提升自信心和自尊心。

谁说内向的孩子不适合留学

　　经常有家长会有疑问："我们家孩子性格比较内向、害羞，不善于和别人沟通交流，这样的情况适合去美国留学吗？"还有的家长会认为："我家孩子太偏内向了，美国人性格开放，所以去美国生活是不是可以改善孩子安静的性格特质，让他变得外向开放呢？"还有一些客户在第一次见面时，会夸自己的孩子性格外向、活泼向上，然而我们真正见了学生之后，才发现他完全不是外向的类型，只是家长一厢情愿的想法。

　　学生内向的性格，在大多数家长看来仿佛是有缺陷、是需要遮掩或改进的。不仅是家长，很多学生自己也时常感到苦恼，认为自己太内向是一种缺点，导致自己无法在社交场合游刃有余、毫不费力地和他人打成一片，只能眼睁睁地看着他人谈笑风生，自己像陪衬一样，失去了很多机会。现今社会上，大多数人都认为外向是一种优于内向的性格特质，更容易获得成功。因为外向的人通常看起来更开朗，自信心更强，更善于表达自己，乐于和他人分享交流，所以在人群中往往更受欢迎。而内向的人往往和寡言、逃避社交场合、喜欢独处等特征联系起来。

● 内向和外向的定义

内向型和外向型的概念首先由心理学家卡尔·荣格（Carl Jung）提出，然后慢慢走向普通大众。荣格认为，**外向类型的人倾向于把能量指向外部，意为从外界获取满足感。**外向型的人喜欢通过和人交往、参加集体活动来获得满足感，他们独处的时候很容易感到无聊。外向型的人往往从事政治、销售、教师等职业。**内向类型的人倾向于把能量指向内部，意为从自己内心世界获取满足感。**他们更喜欢和思想、记忆、图画等打交道。和外向类型的人比起来，内向性格的人通常避免参加人很多的活动，他们更享受独处或是和少量的密友相处。很多艺术家、作家、研究员都属于内向型。研究表明，在人群中，外向型性格的人占大概50%—74%，而内向型的人仅占26%—50%。

● 内向的学生在美国同样能闪闪发光

大多数人对两种性格区别的理解往往是肤浅的，只会片面地看待问题。曾经，我们带过一个性格十分内向的学生。出国前，老师们都很担心他内向安静的性格对他在美国的发展不利。然而出乎所有人意料的是，学生凭借着内向性格带来的强大的专注力和冷静思考的优势，在本科期间不但成绩优异，并且连连拿到行业内 dream job 的实习。

学生性格偏内向，并不能说明他就不能适应美国的生活节奏；学生性格偏沉稳安静，并不代表需要被美国"改造"成为一个开放外向的性格。美国人风格虽然更具外向性，但同时也十分尊重多元的性格和文化。在交友环节上，喜欢安静的人可以和有相同爱好的人一起活动，比如做瑜伽，参加读书分享会；喜欢外向型活动的人可以和性格相似的小伙伴一起high。只要你认可自己的价值，尊重和接受自己，在美国就可以找到自己的位置。内向和外向性格对结果的影响并没有很大差异，更重要的是对目标的主动追求。最大的麻烦莫过于学生无法接受自己，一味认为内向型的性格是个缺陷，从而导致不自信，怀疑自己的能力，这样才反而会成为"受害者"。

● **人们对内向型性格的一些常见误解**

❶　内向的人通常很害羞

　　人们往往把内向和容易害羞的特征联系到一起，因为内向和害羞的人都不大善于应付社交场合。然而根据德克萨斯大学奥斯汀分校的心理学教授施密特（Schmidt）和阿诺德·H·巴斯（Arnold H. Buss）的研究，人们的社交性更取决于动机，比如想要和他人社交的意愿的强烈程度；而害羞更侧重于和他人相处时行为的拘谨程度，以及舒适与否的感受。**所以，一个内向的人不喜欢社交，并不代表他恐惧或不擅长社交；而一个害羞的人不擅长社交，并不代表他不向往在社交场合上如鱼得水。**有些我们熟知的明星、政客等也声称自己是内向者，比如嘎嘎小姐（Lady Gaga）、奥黛丽·赫本（Audrey Hepburn）、亚伯拉罕·林肯（Abraham Lincoln）等。

❷　内向的人往往都过得不如外向的人快乐

　　人们通常认为外向的人比内向的人更快乐，因为他们平时接触更多的人，参与的活动更丰富，朋友也更多。然而，内向型性格的人无法用和外向者相同的标准来衡量，外向者喜爱的活动无法给他们带来相同程度的满足。内向型的人更偏爱和少数人相处，或者是享受一个人的时光，比如闲暇时间看看书，看看电影，小憩一阵，做做运动等。因此，得出外向的人比内向的人更快乐的结论也是不正确的。

❸　内向的人都不爱说话

　　大部分人对内向者的印象还包括他们都很沉默寡言，不像外向的人可以一直高谈阔论。事实上，内向型的人只是不爱唠家常，他们觉得这样的谈话是一种浪费时间的表现。另外，内向型的人更愿意倾听别人的想法后再发表意见，如果遇到感兴趣的话题，他们还愿意和你进行有深度的对话。

❹　内向型的人难以在事业上有成就，也缺乏领导力

　　这个误区更是毫无根据的。内向的人往往更能安静下来，去沉下心倾听他人，去分析问题。同样的，很多商业和政界的名人也属于内向型的人，比如比尔·盖茨（Bill Gates）、艾玛·沃特森（Emma Watson），沃伦·巴菲特（Warren Buffett），爱因斯坦（Albert Einstein）等。一味地打击内向的学生，暗示他们内向的性格会对将来事业不利，才会真正导致他们无法成功。

● 内向型性格的优势

在我们了解了人们对内向性格的一些常见误解之后，再一起来看看内向型性格的独特优势。

（1）内向型性格的人往往拥有丰富的内心世界和想象力。

（2）内向型性格的人通常有很好的专注力，更能沉下心来花时间作研究。

（3）内向型性格的人更能在人群中作为观察者，来分析和观测周边的环境和人，因而对事物往往有更多的认知。

（4）内向型性格的人通常是好的倾听对象，而倾听的能力对建立和保持友情是十分关键的。也许内向型的人的朋友的数量不如外向型性格的人，但是质量往往很高，友情也通常更为持久。

（5）内向型性格的人往往会认真思考之后再行动，这样对事物的结果有更好的掌控。

（6）由于倾向于花更多的时间和自己相处，倾听自己的需求，内向型性格的人往往更了解自己，对自己的认知更加清晰。

● 你属于哪种类型的性格

由此看来，和外向型性格相似，内向型性格有自己独特的特征和优势，两种性格并没有优劣之分。如果你对自己属于哪种类型存有疑问，可以参考一下苏珊·凯恩（Susan Cain）在《安静：内向性格的竞争力》（*Quiet: The Power of Introverts in a World That Can't Stop Talking*）一书中提供的一个关于是否是内向型性格的小测试。

（1）相比于小组活动，我更倾向于一对一的对话形式。

（2）我通常倾向于通过写作来表达情感。

（3）我享受独处的时光。

（4）我似乎并没有像周围的人那么在乎财富、地位、名声。

（5）我不喜欢闲谈，但是我享受有深度的、对我而言重要的话题的对话。

（6）大家都认为我是个好的倾听者。

（7）我不是一个爱冒险的人。

（8）我喜欢不受打扰，全身心地投入工作。

（9）我喜欢小范围地庆祝生日，比如说和一两个亲近的朋友，或者家人。

（10）常常会有人用"善于辞令"或"成熟"来形容我。

（11）我倾向于在完成工作之后才向他人展示或者讨论我的成果。

（12）我不喜欢冲突。

（13）我更擅长一个人独立完成工作。

（14）我倾向于深思熟虑后再开口。

（15）即便我在外边玩得很开心，还是会觉得户外的娱乐过于让人疲惫。

（16）我经常不接电话，然后去听语音留言。

（17）如果我不得不选，我倾向于周末什么都不做，而不是计划排得满满当当。

（18）我不喜欢多任务处理。

（19）我能很轻易地集中注意力。

（20）上课的形式里，相比于大家研讨，我更喜欢传统的老师讲课的形式。

　　如果你的大部分选择都是"是"，那你更可能是偏内向型的性格。如果大部分选择是"不是"，那你是外向型性格的可能性更大。如果"是"和"不是"的数量接近，那你更有可能是个"中间性格者"。对大多数人而言，内向和外向是两个完全对立的概念，你要么属于内向型，要么属于外向型。然而心理学家会倾向于把它们看成坐落于一个持续的、单一维度上的部分，就好比0和1之间还有很多的数。中间性格者就属于内向型和外向型之间。

"富二代"群体留学：挥霍还是磨炼

　　当谈到"富二代"群体时，眼前浮现的是什么呢？是活跃于新闻版的"专业坑爹户"，是开豪车买奢侈品的"炫富党"，还是由于物质过于丰富从而缺乏进取精神的年轻人呢？随手在网络上搜索，大部分人对"富二代"们（尤其是在海外留学的"富二代"群体）的评价通常都是负面的。随着海外留学持续升温，大部分家境富裕的父母都会选择把孩子送出国，希望他们不仅能接受更先进的教育，还能在异国他乡磨砺自己的意志。不少企业主父母更是盼望着孩子能学成归国，继承自己的企业。父母的愿望虽然美好，然而并不是每个富裕家庭的孩子都能在国外达成开阔视野、锻炼和提升自我的目标。不少"富二代"们在海外生活中缺乏精神上的引领和追求，结果只能和金钱为伴，从而让父母的心血白白浪费掉了。

　　在美国留学的小 M 就属于这样的一个"富二代"。父亲是国内的大企业家，送 M 到美国读书，希望她能离开父母的羽翼庇护后成长。M 是家里的独女，从小就很受父母宠爱，再加上她这么小就出了国，父母十分心疼她，给了她"自己都数不清的零花钱"。在美国读大学期间，M 结交了一批和她背景相似的"富二代"同学，大家夜夜笙歌，成绩却一片惨淡。几年大学生活一晃而过，M 既没有取得令人骄傲的成绩去申请研究生，也不想放弃在美国"自由奢靡"的生活回国工作。一次偶然的机会，她接触了美国 Top5 内某名校的学生，让她产生了毕业之后生活的"灵感"。小 M 和爸爸妈妈视频说，自己被名校录取了研究生，打算继续在美国深造。M 父母十分激动，不仅又打了一笔巨款"奖励"M 的成就，还打算第二年率领亲朋好友来名校看望女儿。于是，小 M 在父母抵达美国之前先飞到某名校，用钱买通了几个中国留学生，让自己可以住在别人的学校宿舍里。M 还办了假的学生 ID，让自己看起来就像在这里就读的学生。之后，M 爸爸带着亲朋好友来美国考察项目，顺便看女儿，M 凭借着小聪明还真的"成功"接待了爸爸，暂时蒙混过关了。

像 M 这样挥霍无度、欺骗父母的"富二代"留学生还有很多很多，不得不说令人感到悲哀。在美国留学期间，不少中国"富二代"们的"奇闻异事"都令人大开眼界：有人成了买包"专业户"，在某奢侈品店一日之内买足限额；有人潜心研究豪车，没多久就换一辆；还有的学生用父母的钱"包养"了其他异性同学。在中国，不少"富一代"父母当年白手起家赚取大量的财富，但却缺乏教育下一代的方式方法以及对孩子在精神领域方面的指引。这导致不少"富二代"在物质极度丰富的情况下，缺乏精神层面的要求，以及面对财富的合理态度。

当然，在"富二代"这个标签下，并不是所有留学生都以这样的状态生活。还是有不少孩子在美国的生活中真正地磨砺了自己的意志和心智，得到了父母的肯定和认可。我们的一个男学生，由于父母都忙于生意，从小在奶奶家长大。他的父母事业心很强，生意做到了海外，因为太忙，平时对儿子的关注很少。被奶奶娇惯的他，体质单薄，十分娇气，上学后成绩也很一般。因他爸爸希望他将来能接管家族企业，所以对他抱有很高的期望，并决定把他送出国多多磨炼。这个学生首先去了美国偏僻的北达科他州做国际交换生。交换高中是一所教会学校，整所学校就他一个中国人。这个学生平时住在当地的农民家，业余生活包括挖土豆，周末去集市上卖土豆。一年的学习生活让他爱上了在美国读书，因此决定继续申请在美国念书。由于各种因素，某军校男校成为了这个学生最好的学校。他爸爸对这个选择非常满意，并认为：男儿当兵是一个很好的过程，不仅读军校在美国申请大学会有加分，而且军校的严酷训练会磨炼人的意志，锻炼人的体魄。这个学生刚进入军校几个月时，就受不了开始闹腾了，说军校中有太多残酷的训练和严格规则。不仅这样，这个学生还抱怨说军校虐待他，摧残他，比如让他们在大雨中跑步，刚吃过饭就运动，在雪地里做俯卧撑等，所以他要求转学。他的爸爸思考了很久后，打电话跟我们老师说：他决定尊重孩子的感受和意愿，同意他转学。想转学的学校录取了该学生，但他思考了一个晚上自己在军校的付出和得到的锻炼后，决定继续在军校念下去。后来，这个学生在军校慢慢地能承受训练了，心也安定多了。再见到他时，我们发现他的体格变得十分健壮，行为举止也更加挺拔了。军校毕业后，他被排名靠前的大学录取了，还得到了一笔丰厚的奖学金。当他的父亲询问儿子要不要考虑转去更好的大学时，他不肯转学，并清晰地对父亲阐述了自己对未来的规划，表示现在的学校不仅能够提供奖学金和实习，还能让自己学到想要的东西。他的父母不由得很感慨美国军校对孩子的积极改变：让他变得坚强、有责任心和上进心了。

● "富一代"父母培养孩子的独特挑战

对于"富一代"父母来说，将孩子送去国外磨炼，希望孩子能培养责任心、独立和抗压性强的品质的初衷是好的。俗话说"商场如战场"，商业发展所需要的毅力、坚持、抗压和责任心与成功留学所需要的品质相似度非常高。据统计，在中国南方企业密集的区域，不少民营企业都是以"父子兵"的形式存在，极少雇佣职业经理人。因此，继承人"不成器"会导致企业后继无人，对企业的发展会是毁灭性的打击。

父母虽然"功成名就"了，如何培养和教育下一代依旧是个巨大的挑战。首先，不少父母和孩子之间存在着代沟："富二代"孩子们从小锦衣玉食，不愁吃穿，很难体会和理解父母当年为了生存，在事业和财富上的拼搏。不少父母都感慨：自己当年一穷二白，赤手空拳地打了天下，怎么现在的孩子要什么有什么，反而"不行了"呢？"富一代"父母把赚钱和生存当作教育孩子的内动力，自然很难奏效。如果超越物质的传承，强调个人价值感和成就感，以及家族荣誉，会不会更有成效呢？

还有些父母，由于年轻时专注打拼，并没有很好地陪伴孩子，孩子长大后又被送去国外念书，于是对孩子产生了愧疚感。许多父母像小 M 的家长一样，会用金钱来加倍弥补对亲子相处的缺失，表达对孩子的关爱。然而，这样的行为不仅难以弥补孩子心理上的寂寞和孤独，还容易让孩子形成错误的"金钱观"，作出不理智的选择。同理，不少财富丰厚的父母对孩子在国外的成绩缺乏要求和期望，认为孩子只要"快乐就好"，却忽略了金钱无法持续给人带来快乐和满足感。

另外，父母精神方面的层次和积累也影响着孩子的选择。新中国的财富积累不过几十年，不少"富一代"父母即便物质丰富了，精神上依旧难以摆脱"脱贫"模式，缺乏对孩子精神方面培养和指引的能力。这种情况对于孩子而言是十分"危险的"，巨额的财富并不能让他们在精神上成长，并获得掌控财富的能力。曾经有一个小留学生在美国的第一年就消费了上百万人民币。之后由于难以适应美国生活，成绩也惨不忍睹，她第二年就"打道回府"转回国内大学了。她的父亲不仅没有太责怪孩子，反而对外宣扬："我女儿在国外见了世面，这笔钱花得值。"这更加印证了父母的精神层次和心理状态，对孩子的状态和成长中所作选择的影响。

● "拯救"富二代，从"富一代"开始

在富裕家庭中，相比于金钱，父母精神上的传承更为重要，这就对父母的价值观和教育理念方面有了更高的要求。父母作为孩子最好的领路人，如果要"拯救"孩子，应该从自己开始。

父母需要努力给孩子构建一个健康的成长环境。无论生长在怎样的家庭环境中，孩子在各个生长阶段都存在着需求，比如需要来自父母的陪伴、重视和肯定。金钱不是解决所有问题和补偿孩子缺失的手段。虽然大部分"富一代"都会考虑把孩子送出国留学，然而留学的意义，不仅仅是对孩子上名校和成绩的高要求。父母应当意识到，只有培养孩子正确的人生观和价值观，才能防止孩子在国外"误入歧途"，进而激发他们向上的内动力。对于"富二代"学生来说，如果在留学生活中得到了足够的锻炼，父母的经历和经验更能为他们提供向前的助力。

摆脱留学造成的"空巢"焦灼

　　一阵"滴铃铃"的来电声把我从睡梦中闹醒，睡眼蒙眬中看看闹铃，深夜11：37。这么晚，会是谁？拿起手机，接通，立即传来一阵急躁甚至有些失控的声音："老师，你今天有没有联系过小 A？我给他发了好几条消息，他都没有回我。他是不是出什么问题了？是不是遇到什么危险了？"

　　这是一位学生妈妈打来的电话，她的孩子小 A 在2016年8月去了美国读10年级。孩子的航班一离开中国，这位妈妈就开始了每天至少50条微信、短信的轮番"轰炸"。

　　随着越来越多的家庭选择送孩子出国读高中，越来越多的孩子离开父母，越来越多的父母独居在家，越来越多的"空巢家庭"出现，越来越多的"空巢家庭"中的父母感到困惑、焦虑。

　　"空巢家庭"就是指家庭中因子女外出工作学习而父母独居的家庭。"空巢家庭"以前多指家中仅有老人的家庭，随着独生子女外出留学，越来越多的中年夫妻被留在家中，也就出现了越来越多的"新空巢家庭"。有专家预计，未来10年，中年家庭的"空巢家庭"将越来越多，所占比例可达到90%。面对空巢，这些父母，一类乐观，认为可以重回夫妻二人世界；一类悲观，认为生活没有了方向感……（《信息时报》2015年9月8日A10版）

与"空巢家庭"这个词相伴的，就是"空巢家庭"中父母的孤独、寂寞，严重点甚至可能是抑郁。为了缓解自己的不适应，也为了能够恢复到"从前"，有的父母想着去美国陪读，在孩子学校边上买一套房子，继续给孩子当好保姆；有的父母每天无数短信、微信，再加上好几个电话，直到孩子把父母的微信屏蔽，把父母的电话拉黑，父母联系不上，其焦虑、焦躁又进一步升级。

● "空巢家庭"焦灼的原因

按理说，孩子成功申请了美国高中是一件值得庆贺的事情，那为什么这么多的父母会在喜悦之后，滋生出这么多的烦恼和忧虑，牵扯出这么多不适宜的举动呢？

究其原因，无外乎以下几点。

① 以孩子为中心导致失去自我

"以前我整天就围绕着孩子转，早起买菜做早饭，叫孩子起床，帮他整理书包，送他上学。中午自己随便吃点东西。下午帮孩子准备学习用品，作好晚饭的准备，再接孩子回家，做晚饭，辅导孩子功课。现在孩子出国了，我都不知道一天该做什么了。哎……"

这几句话道出了"空巢家庭"中很多父母的真实经历和感受。在独生子女成长的过程中，父母可能会"过分宠爱、过度保护、过多照顾、过高期望"孩子，生活完全围绕孩子，孩子就是自己生活价值所在。孩子考得好，比孩子还高兴；孩子考得不好，比孩子还伤心；孩子受了委屈，比孩子还愤怒……在替孩子生活的过程中，父母逐渐迷失了自我：不知道自己喜欢什么，不知道自己厌恶什么，不知道自己还能做什么……

因此，当孩子离开家之后，以孩子为唯一中心的生活模式发生改变，父母也就不知道该做什么了。

② 亲子关系超过了夫妻关系

"他爸脾气很暴躁，我跟他爸关系不好，早就想离婚，但又出于各种考虑，没有离成。只有当儿子出生后，我才终于找到了重新活下去的理由和勇气。我就是为我儿子活的。"

乍一看觉得这位妈妈很少见。但在我们的留学咨询服务过程中，这样的家庭，这样的亲子关系，我们还真遇到不少。

就三口之家而言，家庭关系包含着两种关系：夫妻关系和亲子关系。在一个健康而充满活力的理想家庭，稳固而亲密的夫妻关系应该是处于第一位的，其次才应该是妈妈和孩子、爸爸和孩子的亲子关系。孩子在父母健康平等的交流方式中学习着如何与他人交流，尤其是如何与将来的伴侣相处。

理论上讲一讲很容易，然而在现实生活中，伴随着孩子的出生，原本唯一的夫妻关系被亲子关系和夫妻关系并存而所取代，年轻的父母不知道如何处理，很多就将亲子关系置于夫妻关系之上，妈妈和孩子、爸爸和孩子的关系变得异常亲密，远胜过夫妻关系。被过度强调的亲子关系一旦成为家庭主要关系，父母就容易产生恋子情结，孩子容易产生恋母情结、恋父情结，其后果就是父母离不开孩子，孩子离不开父母。父母和孩子的生活完全搅和在一起，非但没有演奏出优美的交响曲，反而搅出了孤寂和焦灼。

③ 对孩子能力的不信任

"老师呀，我都急死了。我在朋友圈里四处"盗图"，看到他的照片，黑了好多，也瘦了一圈。也不知道在美国过得习惯不习惯，吃不吃得饱。我给孩子留言，不回；我给孩子电话，不接。你说这孩子，怎么就这么不体谅我呢？"

很多孩子在成长过程中，父母给予了无微不至的关心和照顾，完全不管这些是孩子主动想要得到的，还是孩子只能被动接受的，抑或是孩子极力挣扎想摆脱的。父母在陪伴孩子的过程中，只注重了给予的"量"，没有关注到给予的"质"。

　　如果孩子不是为了逃避国内的学习和生活，而是理性地选择出国读高中，在申请阶段也有充分地参与，那么基本可以判断，孩子对出国读高中已经有了比较明确的认知，对出国后的生活、可能遇到的困难也有合理的预期，对自己的能力也有初步的自我评估和自信。对于这样的孩子，父母要学会适时放手，让孩子在适当的逆境中提高自理能力。

❹　对自己成长停滞的焦虑

　　"孩子去年出国读高中，我也40出头了。想重新找工作，可是以前在学校学的东西早就忘光了，又不愿意和年轻人竞争，也不愿意受领导的气。这些年尽顾着照顾孩子了，别的什么东西都不会了。你说，除了等着抱孙子，帮忙带孙子，我还能做什么呢？"

　　能将孩子在高中时期就送到美国，这些家庭的父母一般在经济基础上不会薄弱，并且在学历、见识、经历等方面有过人之处。比如有些父母的学历很高，有的是大学本科毕业，有的甚至是硕士或者博士。在围着孩子转的日日夜夜中，父母每天操心着孩子的衣食住行，操心着孩子的身体健康，操心着孩子的学业成绩，在整日的生活琐事中，忘记了"诗和远方"，忘记了给自己补充些精神食粮，只是依靠着孩子的茁壮成长来激发自己内心深处的生机，孩子成了父母内心深处的能量来源和精神依靠。当孩子离开家庭，伴随着的这股勃勃生机转移到国外，父母内心的枯萎也就可想而知了。

●　如何改变留学造成的"空巢"焦灼

　　找到了原因，那么家长应该怎么做，怎么才能开始自己的新生活，摆脱"空巢"时期的困惑呢？我们建议家长可以从以下几个方面入手。

❶　从思想上作出改变

　　孩子本来就是一个独立的个体，不应该依附于任何人。相信很多人都看过纪伯伦（Kahlil Gibran）的一首诗《论孩子》（*On Children*）。

　　　　你们的孩子，都不是你们的孩子，／乃是生命为自己所渴望的儿女。／他们是借你们而来，却不是从你们而来，／他们虽和你们同在，却不属于你们。／你们可以给他们爱，却不可以给他们思想，／因为他们有自己的思想。／你们可以荫庇他们的身体，却不能荫庇他们的灵魂，／因为他们的灵魂，是住在明日的宅中，那是你们在梦中也不能想见的。／你们可以努力去模仿他们，却不能使他们来像你们，／因为生命是不倒行的，也不与"昨日"一同停留。／你们是弓，你们的孩子是从弦上发出的生命的箭矢。／那射者在无穷之中看定了目标，也用神力将你们引满，使他的箭矢迅疾而遥远地射了出去。／让你们在射者手中的"弯曲"成为喜乐吧；／因为他爱那飞出的箭，也爱了那静止的弓。

在健康的亲子关系中，父母与孩子都是独立的个体，在孩子的成长过程中，父母也继续着自我的成长，并能与孩子保持着不疾不徐、不远不近的距离。当孩子一切顺利时，父母就在不远处欣赏着孩子的成长、获得的成就；在孩子遇到困难时，父母又有足够的能力在第一时间提供无条件的、有力的帮助。

这就需要父母在陪伴孩子慢慢长大的过程中，时刻不要放松自我修炼：经常旅游或阅读，一来开阔眼界，二来提升内涵；始终保持对未知领域的好奇心；能够用成熟的眼光和心态看待自己的生活，看待这个世界。孩子在努力成长，在跑步前进，父母也要用心地让自己强壮，让自己有能力成为孩子的同行者。

❷　家庭关系的重新梳理

"孩子出生前，我和老公还经常出去喝喝咖啡，看看电影。从孩子出生到现在，我们俩都没有单独出去吃过饭。这些年老公忙工作，我忙孩子，两个人的交流少了很多。孩子出国读高中，我们又有了大把的时间，两个人可以经常出去旅游了。"

很多父母都明白，孩子大了，终究会离开自己去开始新的生活，唯有身边的那个人，才是将来会陪伴自己终老的。孩子出国读高中，父母有足够的时间来反思自己的婚姻状况，来用心经营自己和另一半的关系。婚姻需要经营，关键在于交流。要经常和另一半多交流，分享每天的喜、怒、哀、乐，相互理解，相互关怀。

父母将情感重心从孩子转移到另一半，也能帮助自己逐步适应"空巢家庭"，早日走出"空巢"带来的各种困惑。

❸　学会过好自己的生活

"我大学时特别喜欢跳舞，后来孩子出生，全部心思都花在孩子身上，没时间跳。现在孩子去了美国，时间空出来，我就去报了一个拉丁舞班和一个自由舞班，晚上在家也跳。我把自己的时间和生活都安排好了，不频繁骚扰孩子，孩子现在打电话或者视频聊天的主动性比以前强多了。我感觉好开心。"

新"空巢家庭"的成员一般比较年轻。20世纪80年代的城镇平均初婚年龄中，女性为25岁，男性为27岁。假设平均初婚初育间隔为2年，若独生子女15岁离家，父母进入"空巢家庭"生活的平均年龄为42—44岁。一般来说，城市独生子女的父母将在"空巢家庭"中生活18年左右才进入老年生活阶段。而城市人口的平均预期寿命为75岁，这些独生子女的父母可能将在"空巢家庭"中生活30年左右。如果按照读完小学加高中一共12年来算，处于"空巢"中的父母至少有两个从小学读到高中的时间长度。

"空巢家庭"中的父母有足够的时间重新挖掘自己的兴趣，重新认识自己的喜好，去学习新的东西，去结交新的朋友……

Part

3

文化冲击会"撞伤"留学生吗

人人都知道留学会经历文化冲击，却无法说清这种冲击的来源和去向。当留学生从踏上异国土地的新鲜感中沉静下来，看不见摸不着却无处不在的文化冲击就会给他们带来强烈的孤独感。

一部分孩子会被这种冲击"撞伤"，进而产生恐惧、愤怒、压抑等负面情绪。减少文化冲击给留学生带来的负面影响，这本书给出的建议是：正确认识文化冲击，警惕一些可怕的陷阱，有意识地充分有效沟通，利用周围的资源化解文化冲击带来的压力，确保顺利度过文化适应期，享受海外留学的广阔天地。

如何顺利度过文化适应期

邮箱里刚刚收到一封邮件，是学生小 A 妈妈转发过来的，邮件内容为学校给小 A 发出的警告及警告原因：首先，学校规定不得在某段时间使用电脑，但小 A 无视学校的规定，在规定不能用电脑的时间内仍旧使用电脑，当小 A 被罚周一至周五不得使用电脑后，小 A 又借用别人的电脑，进而被剥夺除上课之外其他时间使用电脑的权利；其次，使用辱骂性词语侮辱同学，被多次警告后仍然不改，并使用"打死你"之类的暴力语言，被认为给他人生命带来威胁。

小 A 及其家长都对学校给出的警告非常不理解，认为不管是违规使用电脑或是辱骂同学，都只是些小事，怎么会上升到被学校警告的程度呢？小 A 的表现及其家长的反应并非个别现象，背后折射出对文化差异认识的不深入，对文化冲突的不适应。

《中国留学回国就业蓝皮书2015》写道："改革开放以来，我国出国留学人数稳步增长，到2015年底，我国累计出国留学人数已经达到404.21万人，年均增长率19.06%。"出国留学，每位留学生都会或多或少遇到文

化冲突，而准备出国读高中的学生，因为年龄及理解力等多方面原因，遇
到的文化困境或许更多。针对这种情况，网络上涌现出大量专家，写了许
多文章，从各个角度，对文化冲突、文化差异作了非常详尽的介绍，主要
侧重点在于介绍美国的文化，介绍留学生出国前需要在物质上、经济上甚
至是思想上所作的准备。

因此，出国之前，留学生们对美国的状况越来越了解；到美国后，留
学生们也试图全面融入美国社会，让自己的生活过得愉快而充实。但是，
即便小留学生有对英语的深度掌握，对美国文化的深入了解，为什么文化
适应这一话题仍然让其中不少人感到困惑呢？

● **留学生在文化适应方面经历的4个阶段**

一般说来，出国读高中的小留学生们，踏上美国的土地后，在与美国
人朝夕相处的磨合中，于文化适应方面可能会经历以下4个阶段。

①   文化融入——比美国人更像美国人

"为了更好地融入美国，我只讲英语，我讲的英语比很多美国人都标
准，我只吃美式食物不吃中餐，我尽量只交美国孩子做朋友。"

不管是卡勒弗·奥伯格（Kalervo Oberg）的文化冲击理论，或是阿
德勒（Alder）的文化适应五阶段学说，还是道格拉斯·布朗（H.Douglas
Brown）的四阶段概念，都认为，刚到异国他乡，**人们通常会经历第一个
阶段：对身边全新的环境和事物充满好奇，表现出兴奋状态。这一阶段又
被称为接触期或是蜜月期。**

刚到美国读高中，接触到完全不一样的风土人情，留学生们对美国的
一切无比好奇，也愿意敞开自己的心扉去拥抱全新的生活，迎接全新的挑
战。在这阶段，留学生们用积极的人生态度去对待周围的一切，愿意品尝
新的食物，愿意尝试新的运动，愿意参加新的社团，愿意结交新的朋友。

②   文化冲突——深入了解后碰撞

"有一次，爸妈从中国邮寄了一些食物给我，我请一位美国朋友

一起品尝。吃了两块后，她说不用了。我看她喜欢吃，就强行塞给她一块，没想到这位美国朋友当场就翻脸了，对我说：No means No（不就是不）。"

这就是文化适应的第二个阶段，奥伯格称其为危机期，阿德勒描述其为不统一阶段，道格拉斯·布朗则称其为文化冲突阶段。**在这一阶段，新奇感消失，陌生的环境和人群带来的挑战可能会让留学生产生沮丧、不适等负面情绪。**

广大留学生及父母之所以选择美国，是因为美国有着安全的食品，宜人的空气，适宜的生态，优越的教育制度，健全的福利保障，等等。但在这些表面现象之下，美国人的生存状态、价值观、人生观到底是怎么样的，留学生们还是缺乏了解。只有身处其中，在和美国人切实打交道的过程中，留学生们才会真正接触到美国文化的实质。要特别提醒留学生的是，一口流利的英语只是留学的基本要求，因为语言只是工具，语言传递的文化内涵更应成为留学生们关注、理解的重要内容。

❸ 文化困惑和反思——"我"到底是什么人

"我是9年级去美国的，到现在已经2年了，喜欢看英文书，不喜欢看中文书，看英文的速度比看中文快很多。我自我感觉更像个美国人，但在美国人眼中，我就是一个地道的中国人。我到底应该如何定位自己，以及应该如何与美国人相处呢？"

经过了前两个阶段，留学生进入了阿德勒所谓的第三个阶段——自律阶段或者自动化阶段。**在这个阶段，留学生真正意识到并承认美国文化的独特性，理性接受中美之间的文化差异，并开始调整自己的预期和行为方式，让人际关系变得更加顺畅。**

留学生不再一味否认或者被动接受文化冲突后的受挫感受，而是主动分析文化差异的现象以及文化冲突的原因。留学生对美国社会、文化的认知更为全面。美国是一个移民国家，在两三百年的发展过程中，它仍然保留着浓厚的文化多元性特征：有白色人种，也有黑色人种、黄色人种、棕色人种；有讲英语的，也有讲西班牙语、德语、法语、日语的……在孩子的培养上，美国人也强调在遵守社会基本公德的基础上，对个人自我情感的表达。在对美国文化的独特性采取开放心态后，留学生也就能够有意识地调整自己的行为方式以适应这种差异了。

④ 文化特色——重建自己的文化信心

如果将前三个阶段比喻为磨砺阶段，那么第四个阶段就可谓收获阶段了。这个阶段，被奥伯格称为适应期，被阿德勒称为独立阶段，被道格拉斯·布朗称为文化融入阶段。**在这个阶段，留学生通过自己的创造性努力逐渐适应新的环境，无需刻意关注即能让自己与周围人群的交流顺畅、自如。**

在这个阶段，留学生接受并欣赏不同文化之间的差异，与不同的人交流能够自由切换不同的交流模式，并能合理定位自己的身份角色，沮丧等情绪不再存在。

通过以上4个阶段的分析，大家都已经清楚，去美国读高中，学生可能会遭遇的文化适应并不可怕。只要学生能够作好足够的心理建设，作好足够的思想准备，就能顺利度过文化适应期，进而找到自信，找到自我。当然了，在这个过程中，家长的帮助和引导是必不可少的。

● 学生在文化适应期应当采取的合理方式

① 在探索中结交美国的朋友

在美国社会生活，封闭自我，将朋友圈锁定在相同特质的人群中，既不现实，也不利于留学生的成长。除了上课之外，留学生可以通过问老师问题，和同学接触来建立自己的朋友圈，也可以参加各种俱乐部、各种体育社团结交更多的朋友。

只有在和他人的交往中，留学生才能够更加深入地理解美国文化，理解美国人的价值观，理解美国人字面意义下的潜台词，理解美国人行为和规则下的真实含义。

❷　反思中保持自己的个性

美国是个移民国家，正因为来自世界上各个国家各个地区人们的各种贡献，美国才成为现在这样的美国，多样性是美国的特色。这也意味着，在不违背社会公德的前提下，每个人都是值得被尊重的，每个人的个性、自我也有着独一无二的价值。在曾经上映的电影《独立日2》中，那位来自非洲的酋长背着双剑去和外星人战斗的形象，就是美国社会对个体个性尊重的一个例证。

再说，美国的价值观如此多元，怎么样算是地道的美国人，连美国人自己都说不清。对广大留学生而言，在用批判性的眼光看待美国社会各种现象的同时，坚持自己的一些行为方式、思考角度，形成自己的个性特征非常重要。

❸　困惑中寻求多方的帮助

懂得求助，懂得何时、向何人求助，是留学生需要具备的一项能力。每个人在成长过程中都会遇到问题，也都会遇到靠自我力量无法解决的事情，这是人生的真实状况，并不丢脸。留学生独自一人在异国他乡，遇到各种困难，甚至陷于意想不到的困境都是正常的，不管是学业上的，还是生活上的。

当遇到困难时，留学生可以先评估自己的状况，如果没有应对的把握，可以向身边的同学、向自己的好友、向学校的老师、向学校的指导老师、向专业的机构描述自己的状况，寻求适当的帮助，最终摆脱所处的困境。要相信自己，只要采取对应的措施，困难总能够被克服。

● 家长在孩子的文化适应期应当采取的合理措施

❶　提高孩子的自我管理能力

家长不要小看了生活自理能力对孩子的影响。在孩子所有的能力中，自我管理能力是最基本的，也是在中国情境下，通常容易被众多家长忽略的。生活自理能力包括几个层面：一是生活自理能力，比如说吃饭、穿衣等基本能力；二是学习管理能力，能够安排好自己的时间，安排好自己的学习任务；三是人际交往能力，能够自如、自信地处理好自己和小伙伴之间的关系；四是承受压力的能力，能够承受并能疏解来自各个方面的一定的压力。

❷ 锻炼孩子对多样性的包容能力

远望美国和生活在美国，感受是不一样的。美国不是天堂，也不是地狱，而是一个实实在在的国家。美国的人们也同地球上任何一个国家的人们一样，也有各种喜怒哀乐，各种爱恨情仇。当见到与自己国家不一样的事情时，要有足够大的包容心，坦然接受这个世界上还存在着不一样的价值观，不一样的评判标准。因此，家长要逐步锻炼孩子对多样性的包容能力。

更重要的是，家长要让孩子学会包容自己的独特性：黄皮肤，黑眼珠……一位留学生回忆自己的留学生活时说："刚到美国时，我拼命想融入美国社会，忘记自己是中国人。现在则不一样了，我每周要去上一次中文课，我给孩子们读中文绘本，教他们说汉语。我觉得汉字很美，我很为自己是一个华人而骄傲。"

❸ 培养孩子批判性思考的能力

美国社会也并不是完美的，美国的媒体也并不一直是公正的，美国的人民也并非个个都是天使。留学生需要用自己的脑袋，需要用理性的逻辑的方式去思考面临的各种现象。

遇到任何问题时，家长要让孩子多从不同角度去思考：为什么会出现这样的情况？为什么他们会这么说？为什么他们要这么做？这样的证据支持这样的结论吗？凡事多问几个为什么，把问题想清楚，想透彻，这样就会少一些迷失，少一些茫然，多一份淡定，多一份成熟，多一份开阔。

学会为自己坚定发声

　　在美国，亚裔群体被称为"model minority"，意思是模范少数民族。这样的称呼来源于亚裔高于美国平均值的受教育程度和收入，以及低犯罪率。然而，这样的称呼也带来了很多负面影响，比如很多人认为亚裔相较于非裔，在政治方面很温和顺从，"声音"很小，更多的是只考虑提高经济地位，从而导致了美国政府忽视了亚裔的政治权益。而且，中国留学生往往也给美国人留下"好学生"的印象，比如害羞、不爱说话、温顺、脾气好、读书用功、凡事不爱和人争等特点。在美国的留学生活中，难免遇见各式各样的困难，很多中国学生第一反应是忍气吞声，并不会为自己说话，争取自己的权益。

　　在我大一刚入校那年，同住的3个室友中，一个是中国人，另外两个是韩国女生。两个韩国女生人高马大，热爱party活动，时常凌晨4点才回宿舍，严重影响我和另外一个室友的休息。另外一个中国室友因此时常跟我吐槽她们，发泄自己内心的不满，然而平时依旧和两人笑脸相迎，和睦相处。在我多次和两人交涉无果之后，终于忍不住在某天深夜选择了报警。虽然校警表示处理室友太吵这种事，他做不了什么，但是愿意为我积极地联系 RA（宿管）来解决这个问题。第二天，和 RA 沟通过程中，他表示无法因为这个原因换室友或者作出惩罚，但是会找她们认真地谈谈。于是，在我的力争下，RA 警告了两个室友，从此晚归、打扰室友睡眠的事情再也没有发生过。不仅如此，在平时生活中，两个室友也变得友善了很多。

● 如果你都不为自己发声，谁会来声援你

类似的事情在中国留学生中还有很多很多，比如有的学生考试拿的分数很低，宁愿自己关起门来哭，也不去找教授讨论可能的批改漏洞；有的学生外边消费被多刷了钱，宁愿"算了算了"，也不愿意去找店家力争要回多收的费用；有的学生在小组项目里被分到不擅长的内容，宁愿咬着牙默默承受，也不愿意去拒绝；有的学生和室友、住家、同学之间产生矛盾误会，宁愿心里憋屈难过，也不愿意找对方把话说清楚。但是这样真的就会好吗？

为什么很多中国留学生在国外都这么"温顺"呢？每当遇到侵犯自己权益、不公平的事情时，往往缺乏反抗的意识。他们总觉得忍忍就过去了，自己身为外国人，在异国他乡最好不要惹麻烦，凡事息事宁人就好。甚至很多家长也会教小孩，出门在外不要惹麻烦，要好好和大家相处，几乎不去强调要学会维护自身。**亚洲文化属于群体文化（collectivist culture），相比于欧美的个体文化（individualistic culture），往往把群体的利益置于个人利益之上。相比于西方价值观强调的个体成功，亚洲文化更加追求人与人之间的合作。**安德鲁·赫伯特（Andrew Hupert），作为中国解决方案（China Solved）的 CEO，多年来为跨国企业和中国企业的合作提供策略上的指导和建议。他认为，**中国人更偏好于寻求一种和谐的状态，而西方人更追求公正。**另外，在中国，很少有人愿意依靠司法机关或者相关机构去解决纠纷，相反，出了事情之后，很多人倾向于避开这些机构去解决问题。而在欧美文化里，对公正的追求往往是超出中国人想象的。

● 自我坚定风格

一次又一次，你希望事情再发生一遍时自己会作不同的选择，会说不同的话；你希望当时的你能坚持自己的立场，而不是那么“随和”；你希望能有勇气拒绝，维护自己的权益……那你最需要的也许是 assertiveness training。Assertiveness，这个词在中文里被解释为魄力、果敢，也被翻译为自我坚定。在美国，自我坚定是一种核心的交流方式，被视为一种正面的品质。来自纽约的苏珊·蔡德曼（Susan Zeidman）长期为美国管理协会提供自我坚定的训练，**她认为自我坚定是一种交流风格，掌握这种风格的人可以清晰、直接、诚实地向对方表达出他的想法、感受、需求以及渴求，但与此同时又可以尊重他人的权利和需求。**

大部分美国的学生和中国学生比起来，更知道如何表现得自我坚定，从而维护自己的权益。比如在美国学校的宿舍里，当有噪音影响到自己时，美国学生很习惯于直接去敲门让对方小声点；学校小组讨论分配任务时，美国学生会很直接地告诉其他组员自己擅长什么，不擅长什么，从而避免被分配到不想做的事；在和他人发生误会矛盾时，美国学生更善于直接面对，主动坦诚地和对方分享自己的感受和想法；在自己的权益受到侵犯时，美国学生很少会有“忍气吞声”的表现，更多地会选择维护自己的权益，哪怕这个过程比较麻烦。在美国多年的留学生活中，我也逐渐养成了这样的习惯。在学习中，发下来的考卷批改不清，或者我的想法和批改意见不一致时，我会直接找教授讨论。大多数时候，教授会认真听取我的意见，重新审视我的答案，甚至有过承认自己的出题有误导性，从而给我的试卷重新评分的经历。在生活中，当遇到各种麻烦时，我也会积极寻求解决方案，绝对不满足于不公正的结果。

自我坚定有很多优势：它能帮助人学会拒绝他人，坚持自己的立场，从而提高自己的自信心和自尊心；它能让人正视自己的情感需求，让自己在和他人相处时变得更加舒服；它还能提高自己的逻辑，以及作决定的能力。此外，自我坚定的技巧还能够创造一个平等、相互尊重的交流模式，取得一个“双赢”的局面。

● 自我坚定和侵略性之间的区别

很多留学生很担心在争取自己的权益、需求的过程中会显得太有侵略性，会被他人认为没礼貌、粗鲁，所以不好意思开口提要求。还有些同学倾向于避免冲突，觉得引发冲突和口角会让自己很不舒服。其实表现出自信果敢和具有侵略性之间有很大的区别。自信果敢的人，在勇于表达自己的观点的同时依旧会尊重他人的想法；有侵略性的人只会攻击他人的想法，抬高自己的观点。自信果敢的人表达自己时，通常会以"我"作为开头，不亢不卑地陈述问题；有侵略性的人倾向于以"你"作为开头，语调和语言里充满攻击和指责的成分。自信果敢的表达方式着重于解决问题，达到某项目的；而侵略性的方式聚焦在责怪、羞辱和批判方面，容易让对方产生防御心理，对问题的处理往往也没什么效率。

● 如何表现出自我坚定

那么怎么样提升自我坚定的能力，勇于开口表达自己，维护自己的权益呢？哈佛大学医学院的心理学博士，克雷格·马尔金（Craig Malkin）把自我坚定表达方式总结为"ABC方法"。

A是经常、频繁地使用以"我"开头的句型：更强调自己的需求、感受和观点。比如说："我感觉你这样做并不尊重我，让我很受伤。"人们通常对含有"你"的表达产生防御心理，而"我"这样的句型，更能让对方专注于需要改进的行为上，从而达到自己的目的。

B是描述来自对方的让你感到不舒服的行为或者语言：比如说："当你大声对我说话时，我感到害怕。""当你随意用我的东西时，我感到非常不满。"这样直截了当地指出问题，更有利于直视和解决问题。

C是提出要求：在学会为自己说话时，表达自己的感受往往只是第一步，如果想要真正改变，你需要向对方提出实质性的要求，甚至表达你希望他们如何去改变。在这个过程中，你不应该假设对方已经知道如何去改变，很多时候，对方是缺乏这方面的知识和技巧的。例如，你可以表达："我和你说话你不回应我时，我感到特别难过，特别受打击，如果你能在我每次和你说话时都回应我，我会觉得好很多的。"

　　另外，学会拒绝也是十分重要的。 可以练习使用"谢谢，但是我不"句型。这种表达方式在首先表达了对他人的肯定和感谢的基础上，清晰地陈述了自己的观点，既有效率，又不会显得没礼貌。比如说："非常感谢你的提议，但是我无法胜任……"

　　最后一步，多加练习。 熟练运用以上表达方式，把自我坚定变成你性格的一部分！

增加沉浸于多元文化的机会

"你为什么想去美国？""因为我想学习不同的文化，开阔眼界。"从准备留学美国之前，以及准备签证面试时，这个回答一直是我的"标准答案"。虽然听起来十分老套，毫无新意，却也的确是我希望通过留学美国达成的目标之一。

在美国做高中交换生时期，我住在当地的寄宿家庭里。和在国内的生活一样，在学校的时候我认真听课，一放学就赶紧搭校车回家写作业。我的另一个室友是一名来自挪威的交换生，我们有几节一致的课程，在寄宿家庭的时候经常一起写作业。我们的"美国妈妈"每次看到我们这样，就摇头叹气：她认为我们太热爱学习了，连娱乐的时间都没有了。当我拿着高分的考试卷跟她"炫耀"时，她一边称赞我的分数，一边评论说，如果是她自己的孩子，能拿个 D 她就非常开心了。"美国妈妈"的评论，对当时的我是个不小的震撼，人怎么可以这么不上进？

在中国"一元文化"的影响下，我是分数论的坚定拥护者。从小学一年级开始，父母就在我脑海里播下了"清华北大"的种子，那时的我甚至为了将来上哪一所大学而感到苦恼。成长的过程中，周围的老师、同学、亲戚朋友都在不断强化 "成绩好就是一切" 的概念：成绩好了就是学校里的 "明星人物"，老师喜欢，同学崇拜；成绩好了可以理直气壮地在家 "生活无法自理"；成绩好了就可以上清华北大，然后 "出任 CEO，迎娶白富美"。在美国生活了几年后，我的观念才慢慢转变了。我越来越发现，"一元文化" 下的不少中国留学生都像一个模子刻出来的：对高 GPA 的狂热追求，对专业选择的一致，对未来目标的规划都惊人地相似。

● 中国 "一元文化" 遇上 "多元文化" 时的压力

（1）"学好数理化，走遍天下都不怕"，这样的价值观导致中国学生在美国大学选择专业时，作出的决定惊人地相似。除了工程学科、数学和金融等专业，选择其他专业的中国学生都十分 "小众"。这样的选择，一部分是出于功利和实用主义，学生父母认为这些专业毕业后就业更容易。还有一部分是学生对自己的喜好没有了解，既然大家都选择的一定是好的。结果这些专业越来越难录取，毕业后的学生从事的工作也十分类似，原本对其他专业领域更有兴趣、更有发展潜力的学生最终只能走有限的几条路。大学里，不少 "实用" 的专业都是亚洲面孔 "扎堆"，毕业照中偶尔冒出一两个白人面孔，仿佛是国内某大学来留学的外国学生。

（2）"成绩好就是一切" 导致不少留学生心理问题严重。留学生背负着父母殷切的希望，支付着高昂的学费，希望在美国大学能获取成就。然而，成绩好却不是衡量自己是否快乐、健康、幸福的决定性因素。把成绩看得高于一切的学生容易患得患失，从而易丧失其他的生活乐趣，近年来甚至不乏出现有心理问题、走上极端的情况。在美国，不论是申请学校还是工作，不仅仅是在校成绩，学生的个人经历、特长，甚至性格、人际交往能力都是被考察的对象。不少学生成绩并不是最顶尖的，但其他方面的能力强，依旧能活出自己的一片精彩。

（3）美国的多重标准和多元选择让中国学生无所适从。从准备申请时，文理学院、公立大学、私立大学的选择就已经让学生和家长眼花缭乱。成绩要求不仅需要在校成绩单，还有托福、SAT、SAT2、AP等，推荐信和五花八门的文书也少不了，把学生从头到脚、里里外外考察了一遍。成绩好了就一定能进入顶级名校吗？试图用中国录取标准来揣度美国名校录取标准的中国家长和学生，通常只会更加焦虑和迷茫。

● 美国多元文化教育的优势

美国的多元文化植根于教育，并力图使不同种族的学生都能在教育中找到自己独特的定位，从而提升综合素养并获得学业成功。我们很多孩子到了美国，惊讶地发现美国上课的方式截然不同。在中国，老师的教课内容环绕课本的范围，焦点放在填鸭式的单向输出，却缺乏发掘学生的个人特色。反之，很少看见美国的老师上课提供所谓的主观题标准答案，教科书也只是众多教学工具的其中一项，没有人会要学生强行接受老师或教科书的观点。老师还会告诉学生，有不明白的地方，可以随时提问题，结果很多初到美国的中国学生误以为老师是客气，不好意思提问，而美国同学纷纷举手说话。

美国教育重视学生通过批判思维形成自己的逻辑与观点，让学生具备搜索资料、提出主张、作出论述的能力。即便论述结果不成立也没关系，因为重要的是在学习过程中培育思辨的能力。美国的教育期许孩子自主学习，因为成就是自己的。鉴于此，带着中式思维去美国读书是很危险的。美国学校的成绩考核方式除了寻常的考试，较为常见的就是写论文，而写论文的关键就是要学生提出建设性主张。虽然少了死记硬背，但是不多方阅读、不查资料、不花时间将知识融会贯通，怎么能形成批判思维，写好论文？

● 调整自己，更好地适应多元文化教育

美国前第一夫人米歇尔·奥巴马（Michelle Obama）为纽约市立学院的毕业典礼致辞时，对着台下的学生和家长说："你们所代表的是每一种可

能的背景，每一种肤色和文化，每一种信仰和人生轨迹。"在倡导多元的美国社会中，我们的学生应该如何调整自己，让自己更好地适应呢？

❶　尊重差异化

在美国生活，我们会发现人与人之间差异很大：不论是文化背景、兴趣爱好还是生活习惯都是五花八门。记得看过的一篇赞扬纽约的文章说，在华盛顿广场走一圈，耳边可以听到好几种不同的语言在交谈。不仅仅是纽约，在美国的其他城市，走在路上的有西装革履的上班族，嘻哈打扮的街头少年，"卡哇伊"风格的亚洲女生，穿着随意毫不讲究的路人，没人会多看对方一眼，没人会对他人评头论足，指指点点。与在国内的"标准答案"不同，在美国没有一个人的生活是绝对正确的，我们可以不认同他人的生活方式，但不能不尊重人与人之间的差异化。尊重他人，也尊重自己，尽量不要去 judge，在这个基础上才能更好地懂得美国文化，适应美国的生活。另外，差异化更能带来进步和创新。每个人独特的思考方式和特长都值得我们去学习，去思考。

❷　增加接触不同文化的机会

让自己对多元文化有更好的了解的方式之一，就是增加接触不同文化的机会。比如，多参加不同文化主题的活动，多接触不同文化背景下的同学，少呆在自己舒适的、熟悉的环境中。在美国校园里，有各式各样了解当地文化、国际文化的活动，只要有心去接触这些机会，对拓展视野会大有帮助。大学期间，有的同学为了多了解美国文化，申请加入了兄弟会，成为里面鲜有的"黄色面孔"；有的同学利用暑假参加学校组织的"国外学习"活动去了非洲、印度几个月，体验完全不同的生活方式；还有的同学为了解欧洲人和美国人的区别，申请了假期去欧洲实习。当你站在美国的土地上，面对着广阔的世界，多看看多听听多感受，不仅会对周围的世界有全新的认识，对自己的文化也会产生新的理解。

❸　保持开放的心态

保持开放的心态是适应多元文化的基础，也是让我们能够持续学习、吸收新鲜事物的动力。首先，你要学会拥有一颗好奇心，拥抱对你来说完全陌生的事物。比如，尝试没有吃过的异国料理，或体验从未有过的经历等。有时"未知"会给你带来意想不到的惊喜，有时会让你失望。拥有开放的心态会让你即使在不知结果如何的情况下也愿意给自己一个尝试的机会。相反，心态闭塞的人通常对新鲜事物保持怀疑，甚至还没试过就已怀有负面的想法，这种态度往往会阻碍他们对未知的探索。另外，你如果想拥有开放的心态，可以尝试对以前否定的事物说"yes"。比如说，是一次和新朋友的聚会，是一项从未尝试过的运动，是一种未体验过的活动。你需要问问自己，以往的拒绝是因为不愿意（更愿意在家睡觉，打游戏）还是因为其他原因呢？当你用力踏出以往的"舒适区"，对越来越多的事物说"yes"后，你会发现自己的想法、观念都在慢慢发生积极的变化。

从交通规则看美国对待规则的态度

　　谈到美国，不少人都认为那里的生活是自由自在、无拘无束的。我们的学生中，也有不少孩子认为美国的自由是"想干嘛就干嘛"。去了美国之后，我们才发现，其实美国人十分地循规蹈矩，大部分人都有很强的规则意识。在中国时，我们一直都觉得遵守交通规则是一句大而空的话，就如同上海一直推行的遵守"七不规范"一样，并没有人会严格遵守。等到了美国，我们才发现小到校规，大到交通规则都需要被严肃对待，认真遵守，否则就会面临严重的后果。

● 在美国忽视了交通规则，往往要付出相应的代价

　　在美国大部分地区，车作为主要交通工具是必不可少的，留学生们买车会有非常多的便利。近几年留美学生增多，留学生由于不遵守或不清楚美国的交通规则，引发了不少交通事故。2015年年底，一个在洛杉矶上学的中国学生由于不当驾驶，转弯没有让直行车，出了车祸。警察赶到后，发现这个学生驾照考试只通过了笔试，还没完成路试。情节一下变得严重

起来，甚至可能留下犯罪记录，影响他以后在美国的发展。这个留学生在美国即将毕业，遇到这样的情况真是十分不利。

除了发生交通事故，在中国留学生中更常见的是开车超速被罚款，无照驾驶，违反交通规则，等等。不少学生用在国内驾驶的理解在美国开车，只有"碰壁"之后才会意识到：在美国对于交通规则的敬畏态度，和国内相比是有很大不同的。有一次，某个中国同学突然问我，可不可以开车送他去一个地方。这让我很诧异，因为这个同学也是有车一族。听了他的解释之后，我才了解到他由于车保险过期后忘记续交，在某次出行中被警察拦下来扣了驾照和车牌，之后还要走别的法律程序，所以需要我送他去找律师。从小在国内长大的同学当时感到十分震惊，向我抱怨："我只不过忘了给保险续费而已，没想到警察会这么较真，后果居然会如此严重。"对美国法律一头雾水的他，只有选择请律师帮忙处理，之后的事情也确实是在律师的帮助下解决了。这件事给那个同学和我留下了非常深刻的印象，他以后不仅不敢再忘交保险费，对其他交通规则也更加重视了。

另一个中国同学也因为不遵守交通规则遭到严重罚款。这个同学在美国高速公路上开车时，没看见警察就误以为没什么可担忧的，于是在限速70英里/时的高速公路上开出了将近90英里/时的速度。后面的警车追上来后，让他停车，并开出了两张罚单：一张是超速的罚单，另一张是危险驾驶的罚单，一共罚了400多美金，换算成人民币将近3000元。那个同学不禁感慨，在国内闯个红灯被开了200元的罚单，和现在比起来简直是小巫见大巫了，他仅仅是多踩了几秒钟油门，速度超出了一些，就罚掉了3000多元。美国人会觉得这个是很正常的，因为那是危险驾驶，出事故的概率会高很多。而交了罚款之后，事情还不算完结。等到保险续费的时候，那个同学发现他的车保险费用也涨了，因为在保险公司的评估系统里，他的安全评分降低了。

● 留学生规则意识淡薄的背后

中国留学生对于规则的漠视，不仅仅体现在交通法规上，也体现在对一些明文规定的"轻视"上。在国内的时候，一些人就早已养成凡事走"捷径"的习惯：凡事能"打个电话""托关系"就解决的，一定不用那么麻烦地按规矩来；开车在路上时习惯性地四处抢道；过马路时即便是红灯，没车就可以随意穿行。在美国住了一段时间回国后，被不少国内司机无视交通规则的行为震惊：有走在超车道上慢慢腾腾驾驶，导致快车们不得不从另一侧超车的；有司机一不留神开过了高速下道口，于是在高速路上停下倒车的；还有副驾驶只有在有摄像头的路口"象征性"地系一下安全带的。

在国内，即便触犯了规则，往往也缺乏相应严厉的惩罚后果，这让一些人对规则愈发漠视。在美国的生活中，留学生们如果继续漠视规则，怀着侥幸的心理，那会产生最大的麻烦。

● **认真学习美国交通规则，从考驾照开始**

美国驾照考试的内容其实很简单，它根本没有国内路考堪比杂技表演那样五花八门的考试科目，但是实用性非常强。每个考核点的设置都是为了之后的行车安全，比如简单的车速的控制，丁字路口的行车顺序，上下坡的停车，上高速的注意事项，等等。不少在美国呆久的中国学生会认为，开车只要在自己的车道上，并且遵守交通规则，基本不会有任何需要担心的。用心学习美国的交通规则，并在实践中严格遵守非常重要。入乡随俗，到了美国，要在这片土地上生活一段时间，那么就要努力去熟悉美国人的规则法律，并且去遵守它。

美国是个充满自由的国度，但是自由的前提是对规则的敬畏。习惯了这种"限制下的自由"，你会很惊喜地发现：**美国规则性很强的交通法令还会给你的生活带来很多便利。**作为经常步行的学生党，你会深刻体会到美国交规中的车辆避让行人执行力度有多强。行人步行过马路的时候，无论是有红绿灯的路口，还是乡间小道，两边的车都会停下来让行，一直等到行人过了马路再开。习惯了美国的"车让人"，每次回国时过马路都会体会到强烈的不安全感，生怕自己面对"不让人"的车会无意识地向前走。

美国的救护车和警车也是十分地高效率，基本上是在事故发生报警后很快就到了。有一次，我堵车在高速上，忽然听到救护车的声音由远处传来。当我下意识地往右边看去，才发现这条高速没有应急车道，估计救护车要很长时间才能开过去。然而仅仅一走神的工夫，我就从后视镜里看到红蓝色的灯光在我后面两三辆车的位置上闪烁了，原来后面的车辆纷纷主动避让开了，甚至旁边的两条车道上的车辆也很自觉地往右边靠，给这条车道上的车辆让出一定避让空间。最后，救护车就在虽拥堵但依旧避让有序的高速车堆边沿开过去了。这与国内救护车、救火车被堵在路上动弹不得形成了非常鲜明的对比。在美国，正是因为交通规则和法律已经成为人们脑海中根深蒂固需要遵守的东西，在有紧急事件发生的时候，这些车辆才能飞速到达现场采取相应的措施，从而避免更多的伤亡和损失。而以上种种也会让在他乡求学的留学生更多一些安全感和生活便利的保障吧。

● **树立孩子规则意识，从家长开始做起**

为了留学生们更好地适应美国的生活，避免"犯规"造成的严重后果，家长应当提早培养他们的规则意识。孩子对于规则的认识，往往是从家庭开始的。家长如果缺乏规则意识，常常在孩子面前展现对规则的漠视和不遵守，很难想象孩子会意识到规则的重要性，并成长为一个"遵纪守法"的人。因此，培养孩子对规则、法律的遵守往往需要家长"以身作则"，才会有好的效果。除了家长对自我的严格要求，在培养孩子的过程中也有很多需要注意的方式、方法。

（1）家长需要向孩子传达基本的家庭规则，允许孩子对规则的合理性提问，并且奉上合理的解释。比如，向孩子解释"红灯停，绿灯行"是为了保证行人的生命安全，以及交通顺畅。

（2）要让孩子明白，如果不遵守规则，往往会带来负面结果。比如，如果今天不完成规定好的任务，明天就没时间去迪士尼玩了。在这个过程中，孩子对于不遵守规则可能会面临不良后果的意识就逐渐加强了。

（3）在对规则的执行方面，家长需要保持规则的连贯性，不可以一会儿 A 标准，一会儿 B 标准，让孩子感到困惑。这个过程中，孩子对规则的怀疑和不确定心理会慢慢减弱，会对已经存在的规则更加认可。

（4）当孩子表现出对规则的认可和遵守时，家长要适时地表扬孩子，来加强孩子对规则的遵守。不少家长会把惩罚看成一项有效措施，然而心理学研究表明，惩罚在对孩子规则的树立中是最不利于孩子稳定、持续发展的手段，只有通过表扬和鼓励，孩子才能拥有更加积极的心态和行为。

寄宿留学生必须作好几项心理准备

　　"在中国，我的房间有30平方米以上，在美国住家，我们的房间只有十几平方米；在国内，我父母天天送我上下学，在美国为什么我要坐校车；在国内我半小时内可以到学校，在美国为什么我要花1小时才能到校；在中国我可以自由出入家庭和同学出去玩，在美国为什么一定要得到寄宿家长的同意；在中国有家政阿姨帮我收拾房间，洗涤衣物，在美国我不仅要自己整理内务，还要承担其他家务。"这段话来自我们学生的真实表达。每年我们的小留学生去美国寄宿家庭后，会遭遇不少投诉，究其原因，大多是中国的现实和文化导致孩子和家长对美国寄宿家庭产生的期望和心理预期与现实存在产生了冲突。在这一章节中，我们会通过几个真实的案例来告诉大家，留学生适应美国寄宿家庭需要作好哪些心理准备。

● 选择寄宿家庭阶段产生的矛盾

　　在采访中国家长对寄宿家庭的选择标准时，我们常常听到这样的要求：他们要有爱心和责任心，要有良好的家庭氛围，要愿意和我们孩子多沟通和交流，最好懂中国文化，经济条件不能太差，等等。诸如这样的描述，往往给学校或第三方住家管理机构非常模糊的概念，他们并不能完全理解这些 "模糊" 的标准。这导致美方找寻寄宿家庭的员工只能按照自己理解的标准去找，往往找到的家庭类型和中国父母期待的大相径庭，让小留学生们造成了很大心理落差。我们发现，在选择寄宿家庭阶段出的问题，很大程度上是因为**在我们中国文化中，大家更习惯于广泛地使用较为模糊的概念，而非具象的表述。**而美国文化中，人们更习惯于具象的表述，比如，对住宿家庭的具象要求可以是：家里没有小孩，没有养宠物，寄宿家庭爸妈要是老师。

有个学生 W 和家长让我们协助做高中转学申请。在调研了转学原因后，我们了解到 W 对现任住家有非常强烈的抵触情绪：住家一共有4个孩子，其中最小的孩子才一岁多。W 同学每天回家后，孩子的吵闹和喧嚣声让他难以安静地做作业，并对他造成了极大的心理困扰。孩子和家长的反馈让我理解了和住家产生矛盾的原因：选择寄宿家庭时，父母的选择标准十分模糊，比如家长提到寄宿家庭要有家的氛围，但并没有定义清楚家的氛围是什么。在美国寄宿家庭中，家里的小孩多、互动多也是有家庭氛围的一种体现，所以在寻找过程中，美国员工认为这样的家庭是符合 "有家的氛围" 的。于是，我们建议 W 把对住家的心理期望具体地写出来，比如寄宿家庭愿意多和孩子沟通，学校车程在半小时内等。通过列出具体的期望标准，孩子找到了适合自己的新住家，并且不再有情绪上的烦躁和对抗了。

● 对比于国内优渥的条件导致的心理落差

我们的学生，但凡能去美国读高中的，家庭条件通常是很优渥的。大部分学生在家里是独生子女，平时上学放学私家车接送，一日三餐营养丰富，家里的住房也是 "高大上"。然而大部分美国寄宿家庭，经济条件往往是普通中产，无法提供国内生活级别的待遇，导致不少小留学生们初到时产生了心理落差，情绪低落，无法好好适应在美国的生活。这样的情况，**需要家长在孩子去美国生活前，就给孩子作好心理准备和铺垫。**在美国当地寄宿家庭生活，虽然无法与在国内被父母照顾得很舒服相比，但可以拥有学习和适应美国本土文化的机会。另外，美国家庭里往往有好几个孩子，甚至有些家庭里接待了不止一个国际学生。住在这样的家庭，对独生子女来说，更是一个学习如何与同龄人相处、交流的机会。

　　Z 同学一到美国就要求换住家，原因是住家让他住地下室。在了解完情况后，我们得知住家并非安排 Z 同学住在地下室，而是因为住家的两个孩子都住在二楼，而住家担心孩子会吵闹影响 Z 同学，特意安排 Z 同学住在一楼带独立卫生间的房间。而一楼的窗户偏高，这让 Z 同学误以为自己住在了地下室。住家了解到 Z 同学希望和他们有更多交流后，很快就帮助 Z 同学搬到二楼和住家小朋友一起住，圆满地解决了问题。

　　美国的有些走读学校遇到周边社区的寄宿家庭资源紧张时，会安排很多学生住在同一个寄宿家庭里。G 同学在明尼苏达州的一所走读高中读书，学校将 4 个中国学生和 2 个韩国学生安排在同一个住家。了解到这个情况后，G 同学有些犹豫要不要选择这个住家，担心中国人多对"跨越语言障碍"不利。当我们了解到这个寄宿家庭曾经有过 3 年的接待国际学生经验，同时家里房子又大，接待的孩子拥有独立的房间，并且住家妈妈周末还会带孩子参加各种社区活动体验正宗的美式生活后，建议 G 同学选择了这个住家。有了一定的心理预期后，G 同学到了美国后与住家及其他国际学生相处得很好。

● 中式的"含蓄沟通"VS 美式"直白对质"造成的冲突

　　中国人崇尚含蓄委婉的表达方式，认为太直接的表达会伤感情，而美国人更倾向于直白地表达自己的需求。在美国文化中，直接清晰地表达自己的需求并不等于"粗鲁"，反而是再正常不过的事情。为了自己更好地适应美国生活，减少矛盾冲突，留学生们需要学习和掌握直接的表达方式，并且和住家保持积极有效的沟通。不少留学生和住家缺乏沟通，或沟通时过于"含蓄"，让住家领会不到自己真实的需求，最后郁闷的还是自己。

　　B 同学的住家有一个和他一样大的孩子，住家爸爸是一位工程师，每晚会要求孩子们阅读书报，并在阅读后要和孩子们作讨论。B 同学刚到美国没多久，对美国学习尚在适应期，每天需要有大量的时间对付学校的功课，再加上住家爸爸的作业，就感到力不从心了。他一方面不好意思推掉住家爸爸的功课，一方面又疲于应对学校的作业，最后他"委婉"地告诉住家爸爸，最近有小测验，学校功课压力有点大。结果住家爸爸一听，认为 B 同学对于接下来的学术测验有压力，反而增加了每天给他的额外作业量，这导致 B 同学有苦说不出，心理压力很大，那段时间连觉都睡不好。后来 B 同学实在忍受不了，向我们的老师诉苦。在老师的建议下，B 同学鼓起勇气，去找住家爸爸谈话，告诉他学校功课压力太大了，家里的"小灶"超过了自己的承受范围，希望住家爸爸能给自己"减压"。听了 B 的诉求，爸爸表示理解和支持，取消了 B 每天回家的额外作业。

另外，美国是冷食文化，冬天喝水还会加冰块，让不少刚去的学生难以适应。D 同学刚去美国时，因为吃不惯冷食偷偷买了一把电水壶烧水泡面，结果被住家发现后没收了。D 同学投诉住家太小气了，烧一壶热水都舍不得。等我们的老师了解情况之后才发现，住家不是舍不得用电，而是不满意 D 同学在买热水壶时没有通知他们，并且担心烧热开水学生被烫伤，建议学生在他们的监护下使用。消除这样的误会，需要我们的学生更积极主动地和住家沟通，才能增强彼此之间的理解，减少不必要的冲突。

● 美式"潜规则"，是对规则的遵守

和中国对于"遵守规则"的漠视态度相比，美国人往往十分"守规矩"。不少住家会习惯为自家孩子制定"家规"，一旦家规制定后，除了特别情况下，都默认需要被遵守，否则就要受到相应的处罚。不少小留学生缺乏规则意识，答应了遵守却做不到，最终引起与寄宿家庭的冲突。S 同学因为沉迷于游戏，晚上打游戏常常到很晚，住家父母担心他的身体健康，和他约定每晚11：00必须熄灯睡觉。结果 S 同学口头答应后却没当回事，晚上用毛巾将房间的门缝塞住继续打游戏。有一天，住家爸爸熄灯后发现电表还在转，在排查原因时敲 S 同学的房门，S 同学没开门。最后住家爸爸用备用钥匙开门后，发现 S 同学正在热火朝天地戴着耳机打游戏。住家爸爸勃然大怒，认为 S 同学不遵守约定，缺乏基本的诚信，要求 S 同学搬出他们家。

看完这些故事，我们会发现，小留学生和住家产生的矛盾，往往是带着中国文化思维的小留学生对美国寄宿家庭的心理预期和现实存在产生冲突导致的。只有加深对美国文化的了解，增强我们的心理预期，才能有效避免冲突，减少心理落差。

用好策略解决寄宿矛盾冲突

　　在本章节中，我们将通过围绕学生和家长的心理变化对事件的处理和结果的影响，来谈谈要怎么做才能增进彼此的了解和交流，以及克服矛盾冲突，减少适应美国住家的心理压力。

● **在积极的心态下主动学习，了解文化差异，提升陌生环境的融入能力**

　　很多小留学生和寄宿家庭的矛盾冲突，来源于中美文化的不同而导致的观念不同，比如美国更强调个人对选择的自由以及对选择的负责，而中国更注重团队意识。建议学生去住家之前，保持积极的心态去了解住家的家庭文化和习俗，同时不刺探个人隐私，比如问住家的收入就是不礼貌的行为。在陌生的环境中，只有保持开放的心态，愿意主动去了解差异，认识新鲜事物，而不要有先入为主的观念，才能在这个过程中保持积极乐观的心态，提高融入陌生环境的能力。

● 通过中国饮食，架起交流的桥梁

在去美国之前，建议学几道拿手菜。到美国后，可以在周末时做给寄宿家庭成员吃，一方面满足我们自己的"中国胃"，另一方面也可以通过和寄宿家庭一起做中国菜，增进彼此的感情和交流，同时还能让寄宿家庭了解自己的饮食喜好。这里需要提醒孩子们注意，对于寄宿家庭准备的食物要表示感谢，并礼貌地提议一起做中国菜，这样不会让寄宿家庭觉得不舒服。W 同学，在佛罗里达读高中时经常周末做菜和住家分享，这周是剁椒鱼头，下周是梅菜扣肉，连住家父母都夸赞孩子做的菜好吃。通过做菜，孩子和寄宿爸爸妈妈很快拉近了距离，相处得其乐融融，对 W 适应寄宿家庭起到了很大的作用。

另外，小留学生也可以自己做饭。孩子可以和住家协商，由住家买来食材，孩子自己做。传统的中国式想法会认为，孩子去美国读书，还要自己做饭，会影响孩子学习。其实赴美留学，不仅要获得漂亮的学术成绩，独立能力的培养，也是孩子的一大收获。美国青少年普遍较独立，喜欢尝试新鲜事物，既然我们已经让孩子接受美式教育，就要让他真正融入美国文化。在自己做饭的过程中，孩子可以学会使用各种厨房电器，锻炼动手能力，也会在和住家沟通的过程中锻炼与人交往的能力，提高自己的情商，何乐而不为？

● 学会为住家分担家务

美国家庭从小就培养孩子的独立自理能力，所以孩子从小就要分担力所能及的家务活，比如小的时候可以协助爸爸妈妈摆放碗碟，大一些后收拾碗碟，再大一些后打理宠物的卫生，等等。J 刚去美国时，他很不适应每周的家务清单，感到心情很沮丧。他所在的住家，几乎一到周末，住家妈妈就消失了，然后家里冰箱上贴的便利签，会列明他和住家兄弟的家务活，内容从整理房间到修剪草坪，再到帮两只金毛犬洗澡。半年下来，孩子回到国内时，家长惊讶于孩子自理能力的变化，比如吃饭时孩子很自然地摆放碗筷，吃完饭主动收拾。要知道，孩子去美国前，家务劳动几乎从未动过手。在家务上，我们鼓励孩子和住家协商承担力所能及的家务，这样不仅体现了孩子作为住家的一份子，还能锻炼他们的独立自理能力、责任心，以及团队协作的精神。

● 尊重规则，遇事及时沟通

寄宿家庭在家规上大多会和孩子约定宵禁时间，目的是帮助孩子按时睡觉，养成良好的作息习惯。所以当孩子有外出计划，比如晚上去同学家参加生日派对，需要提前和住家父母沟通，礼貌地表达自己的想法和时间安排，征求住家父母的意见。Y 同学曾经被住家投诉就是因为没有同住家父母沟通。Y 同学答应了同学晚上去她家吃饭，并一起讨论一个 teamwork 的作业。Y 同学认为，同学家和自己家在同一个社区，晚上在同学家忙完后，自己走回家就可以了，于是就没有通知住家爸爸妈妈。等到晚上回家后，她遭到了住家爸爸妈妈的严厉批评，原来住家爸爸妈妈看孩子没有按时回家，电话联系学校没有找到她，着急地开车找了一圈都没有找到，急得正考虑要不要报警时，Y 同学回家了。和住家及时沟通自己的生活安排，不仅是尊重寄宿家庭，也是对自己负责任的表现。

不仅是在遇到困难和问题时要和住家积极沟通，在日常的生活中，我们也鼓励孩子和住家积极交流。比如，在晚餐时间，孩子可以和住家成员一起聊聊今天学校发生的事情，分享生活经历。我们曾经有个孩子去了美国后，投诉住家干涉了她的隐私权。一问缘由才知道，住家要求她睡觉前必须开着房门，希望她不要闷在房间里，多走出来和他们沟通。在和去美国读高中的孩子做后续回访时，我了解到很多孩子不是不想沟通，而是要么羞于自己的英文口语不够好，要么在国内和家长交流得也不多，不知道该和住家聊什么样的话题。这样不仅导致学生增添了心理压力，还会让住家误会学生过于"内向"，不想和自己交流。

其实和住家沟通没有我们想的那么复杂，比如可以和住家爸爸妈妈分享学习情况、体育活动以及社团活动情况，若是学业上碰到了难题，也可以和住家爸爸妈妈讲一讲，看看他们可以给到什么样的帮助。之前我们的一个学生，因为刚开始学西班牙语，所以遇到不少问题，住家妈妈就帮他联系了一位自己的朋友，在课外帮助孩子补习西班牙语。在异国他乡，寄宿家庭成员往往是学生最亲近的人。如果学生在外面遭遇了负面的文化冲击，遇上不公正不公平的事，寄宿家庭可以成为孩子的倾诉对象，不仅能提供有效的解决办法，还能提供情感和心灵上的抚慰。

● 家长要摆正心态，遇事冷静地寻求解决方式

去美国读高中的学生正处于青春期或青春期的尾巴阶段，这时的孩子在家尚且和父母存在矛盾和冲突，更不要说在一个陌生的文化环境中了。面对新的"住家爸爸妈妈"，怎么会一点问题都没有？所以当孩子和寄宿家庭发生矛盾，向家长投诉住家时，我们建议家长第一时间放平心态，听孩子诉说问题的经过，帮助孩子评判是住家的问题还是孩子本身的问题，找到问题后再加以引导，并给出解决方案。

我们曾经碰到过这样的家长，只要孩子一说住家有问题，家长就非常紧张，立马幻想孩子在美国受到了种种"虐待"，从而情绪失控。其实孩子有时候和家长说住家问题，往往是为了宣泄情绪，或者是想寻求关注，而事实往往没有那么严重。比如，我们的一个在美国读高中的学生投诉寄宿家庭早上没有送她上学，家长听到孩子这么说之后，立马心急火燎地给我们来电，投诉住家不负责任，让孩子一个人留在家里发生危险怎么办，要求立马换住家。在安抚家长给些时间让我们去了解情况后，才发现小姑娘在国内就有赖床的现象，早上天天需要人叫起。到了美国住家后，第一周住家每天要花20分钟叫孩子起床，一周后，住家和孩子约定不再叫起。结果孩子没料到住家对规则的坚持，说到做到，这次真没有叫她起床，她一时接受不了，负面情绪堆积后打电话向家长哭诉。家长只有放平心态，认真了解实际情况，才能协助孩子理智地解决与住家的矛盾。

上面这些，希望能起到让我们的小留学生和家长摆正自己心态的作用，增进和住家的了解及交流，并学会处理和美国住家可能产生的或已经存在的矛盾和冲突。与住家相处的时光，不应当成为我们学生的心理负担，为我们带来不愉快；相反，学生应该保持开放的心态，有效利用这段经历，来增加对美式文化和生活方式的适应和理解。

"留学党"的异地恋指南

　　很多人都不相信异地恋最终能成功，有些人还未开始便丧失了勇气，还有些人中途坚持不了选择了放手。留学生或多或少都经历过异地恋。据统计，在美国有1400—1500万人在进行异地恋，其中32.5%是大学生恋情，而75%的美国人在大学期间进行过异地恋。我在纽约念书时，室友4个人中的3个人在进行异地恋，其中两个人是异国恋，一个恋人在中国，另一个恋人在南半球。即便是从国内一起来美的"留学党"，往往因为学校不同，也可能变成相隔几个小时航程的"异地党"；即便同在纽约州，可你在曼哈顿，我却在纽约上州，依旧隔了好几个小时车程。

　　从来没有人说异地恋是容易的，相反，和在身边的恋情相比，异地恋有更多的困难要克服，更多的挑战要面对。对"异国党"来说，相隔着十几个小时的时差，每天都上演着"good morning for you, good night for me"，每年往往只有长假期才能见面。同在美国的"异地党"，也只有靠挤各种小长假长周末才能千方百计地见一面，大多数人还要提早订机票以免涨价太多，还有人会随身带着电脑在飞机上写作业。更多的时候，异地的情侣们只是过着另一种形式的"单身"生活：一个人抵御困难，一个人忍受孤独，一个人享受生活中的喜悦。那个人仿佛只存在于手机微信、Skype、FaceTime里，你需要他的时候，他通常都不在，让你无数次质疑这段感情存在的必要性，怀疑坚持下去的理由是否充足。

● 异地恋真的有那么糟吗

　　有些人会说，短暂的分别会让感情浓度更高。对异地的情侣来说，每次的短暂相聚都那么美好，那么令人印象深刻：无论是一起去异国他乡旅行，还是一起造访 yelp 里收藏许久的餐厅，或是简单地在家一起做火锅，烤饼干，点点滴滴的美好因为异地的艰辛被放大了。一次相聚结束之后，又可以期待下一次见面，生活里充满了希望。听起来，异地恋的确没有那么糟，**不仅不糟，甚至有点小美好**。来自香港城市大学的蒋莉（Crystal Jiang）教授和康奈尔大学的杰弗瑞·汉考克（Jeffrey Hancock）的联合研究表明，**相比于每天见面的同地情侣，拥有健康关系的异地情侣更容易进行长久的、有意义的交流，从而加深了两人之间的亲密程度。**也许是因为异地影响了情侣之间交流的频率和时间，双方更愿意敞开心扉，充分利用每一次交流的机会向对方表达情感。

　　其他几项研究表明，**尽管异地的情侣之间相处机会有限，然而和同地情侣相比，异地情侣的关系更加稳定。**对于这个看似矛盾的研究结果，来自鲍德温华莱士学院（Baldwin-Wallace College）的传媒学教授安德鲁·梅罗拉（Andrew Merolla）认为，当情侣决定在异地的情况下依旧在一起时，这样的关系在某种程度上来说已经很牢固了。另外，俄亥俄州立大学的劳拉·斯塔福德（Laura Stafford）和安迪·J·梅罗拉（Andy J. Merolla）研究了可能导致这种情况的因素，他们认为：浪漫的理想化（romantic idealization）可能是让异地情侣保持稳定关系的最主要原因。当你理想化另一半时，你将很多美好的、不现实的特征投射在对方身上，因此可以长久保持对另一半的爱慕之情。并且在异地的关系中，情侣们不用每天面对对方，对日常琐事斤斤计较，从而减少了冲突，有利于维持稳定的关系。然而，在之后的一项研究调查里，他们发现，**情侣们结束了异地，开始同地的生活时，往往容易分手**。也许正是近距离的生活，让情侣们停止了"美化"另一半在心中的形象，发现另一半不再像心目中那样温柔体贴、近乎完美，反而暴露出很多令人难以忍受的缺点，于是爆发了很多争执和冲突。另外，相比于异地，同地后个人的自由少了很多，对习惯自由自在生活的人是一种束缚。

说了这么多，大家最关心的还是如何成功维持一段异地恋，从而最终修成正果。那么接下来仔细看看以下的小建议，让我手把手教你成为异地恋高手！

● 如何成功地维持一段异地恋

（1）**要维持一段异地恋情，最重要的就是和另一半保持频繁的联系。**两人的沟通并不需要次次直达灵魂深处，谈论梦想、抱负或宇宙前景；**沟通的内容可以是生活中的平常小细节**，比如周围发生了什么事，遇到了什么人，买了哪些有趣的东西，都可以分享给对方。频繁的沟通展现出对另一半的在乎，也有助于维持情感上的亲密；如果有一段时间没有保持联系，很容易丧失一定程度的亲密感，这意味着你们二人又得重新加深感情亲密度了。实际上，每对情侣只要找到合适的，让自己和另一半舒服的联系方式就好。恋人们的联系方式不尽相同：有的倾向于平时用短信联系，偶尔打打电话；有的倾向大部分时间用 FaceTime 视频；还有的倾向于一有空就煲电话粥。记得我以前在异国恋的室友，每次回到家后，都会和另一半打开 FaceTime，有空的时候聊几句，更多的是各忙各的事。这样的形式，虽然有点不寻常，但是对两人来说都最为舒适，对维持联系最有效。还有的同学，平时忙于学业实习，只和男朋友发发微信，周末的时候才会相约电话，两人也相处得很好。

（2）**经常见面，"怒刷存在感"，对异地恋情侣来说也是十分必要的。**

只要在预算之内，越频繁的见面越能有效地维持感情浓度。每天通话、视频都无法替代面对面的感觉，所以异地的恋人可以提早预留出见面的日期，以及规划出见面后的活动，比如去心仪已久的餐馆进餐，一起看部电影，一起在家独处，等等。有时，情侣们并不一定会约定在各自的城市见面，反而会选择一个中间点，或其他旅游胜地作为见面的地点，一起在新奇的环境里探索未知也会有助于感情的升温。我大学时的室友虽然在西部，但是和远在东部的恋人一有机会就会见面，而且每次都会选择距离两人相当的中间点。几年下来，两人共同游览了很多风景名胜，感情也一点点升温，大学毕业以后最终修成正果。

（3）**信任对方，减少猜忌。**信任对于增进感情，无论异地与否，都是非常重要的。频繁的猜忌、嫉妒和制造麻烦并不会让对方感受到"关心"，只会对两人的感情带来负面影响。曾经有个朋友刚开始和男友异地时，男朋友对她表现出极度的不信任，每次和朋友出门聚会前都要审问她很久，聚会时也时不时要求视频，来确保她没有说谎，甚至偷偷登录女方的 iCloud 账号来检查女生的位置。逐渐地，这个女生开始和男友发生争吵，觉得对方无止境的猜忌让她每天都很累，不信任她又为什么要在一起呢？最终，女生提出了分手，理由就是男生的不信任和猜忌毁掉了他们之间的感情。除了恋爱，每个人生活里都有各种各样的事情需要处理，需要花费精力，只有在不健康的恋爱关系里，才会出现对另一半极强的控制欲、不信任感。遇到问题时，双方应该诚恳地交流，一起探讨问题的解决方案。

（4）**设定界限和期望值。**异地的情侣之间应该清楚地向对方传达自己在这段感情里的期望值，比如说，是希望结婚了以后就结束异地，还是毕业以后就在同一个城市找工作。异地恋总有结束的一天，双方需要对以后的目标达成共识。以前身边有对情侣，在即将异国恋之前，一方表示学成之后会马上回国，和另一方修成正果。然而在美国的这一方取得学位之后，选择继续在美国工作了，另一方对此就很纠结。两人为了这件事争执不下，一直对解决方案难以达成一致，最终不得不分道扬镳了。

（5）**通过发展一些共同的兴趣来增加两人的亲密度。**异地恋的情侣可以通过同时接触新的事物，或者发展共同的兴趣让双方联系得更加紧密。比如说，和另一方同时观看新上映的电影电视剧，或者一起去接触一样新鲜事物，这样即便不在身边，两人也能因为共同的兴趣爱好而增加更多话题。比如说，有个朋友和另一半约定了一起开始健身，两人每天都会互相分享健身成果、饮食，还会互相监督对方的进度。通过健身这件事，两人不仅关系更加亲密了，而且自身也有了提升。

"留学党"的异地或异国恋，不仅不是无药可救，反而在和同地情侣相比时，有很多优势。通过学习以上的异地恋小技巧，你们 get 到如何变成异地恋小达人了吗？

别让留学期间的情感生活建立在"吊桥效应"上

　　恋爱、情感生活是我们留学过程中回避不了的人生体验和经历，看着当年发生在自己身边的故事，看着现在学生身上发生的故事，当我们多了解一些关于情感方面知识的时候，是可以减少伤害，让我们的情感生活更加顺利的。

　　Y和她的男友是当年最让人艳羡的一对，两人从大学一起参加各种考试，一同申请到德国的同一所大学。在德国读书的5年中，每年暑假他们都会一起去奔驰的工厂打工。为了节约居住成本，他们住在离工厂很远的山上，每天早上5∶00从山上一路走下来，到山下的时候天才刚刚蒙蒙亮。一个暑假坚持过来，收入不菲，足够两人过一个学期，多余的还能去周边国家旅游。两人都擅长厨艺，经常邀请同学去他们宿舍聚餐，在同学们看来，他们真是幸福的一对。然而谁也没有想到他们的故事会有这样的结局。毕业的时候Y拿到了上海的一份满意的offer，她决定先回国，然后男友有合适的工作就回上海相聚，并开始真正的美好生活。等Y回来半年以后，男友仍然没有回国的打算。刚开始是因为对上海offer的各种不满意，后来他告诉Y，他在德国找到了一份工作，决定不回国了。Y尝试了各种方法，甚至动用了双方家长的压力。男友的爸爸为 Y 买好机票，让她飞到德国去把儿子抓回来。然而，她终究没有挽回这段经营了7年的感情。

这样的故事不断在留学生身边上演。多年的相依为命、患难与共似乎最后都敌不过离开了那片土地之后的海阔天空与眼花缭乱。当跨越了学习的障碍、生活的艰难，甚至留在国外工作的险阻时，留学生们遇到的竟然是当初踌躇满志地踏上异国土地时想都没有想到的、未来会成为问题的问题，那就是情感和婚恋。

● 拴在"吊桥"上的情感现实

一项由3000名留学生参与的《海外2014年留学与归国人员现状大调查》显示，留学生异国求学期间最受困扰的是"情感孤独"。这个年纪的学生在踏上异乡的土地时，遭遇的不仅是学业的压力、文化的冲击，由于沟通能力的欠缺，情感的孤独更是成为一个无法逾越的障碍，而这个年纪的学生基本全部都会以恋爱的方式寻求排解。大部分的学生都会有海外恋爱的经历，而他们中的大多数最终都有可能遭遇难成正果的结局，这成为留学生恋爱的共性。究其原因，很大程度上是因为他们爱情的起点建立在"吊桥效应"之上。

"吊桥效应"是指当一个人提心吊胆地过吊桥的时候，由于危险的情境，会不由自主地心跳加快。如果这个时候，碰巧遇见一个异性，那么他会误以为眼前出现的这个异性就是自己生命中的另一半，从而对其产生感情。这是因为情绪受到了行为的影响，错把由这种情境引起的心跳加快理解为对方使自己心动才产生的生理反应，故而对对方滋生出爱情的情愫。即人在危险环境中会对自己的生理反应作出错误归因，更容易激发出亲密情感。对于每个出国留学的人而言，适应一个陌生的国家和文化，无疑是在心理上将人投放到一个危险的环境中，在这个环境下，很多人可能会错把规避危险的心理需求当成了爱的结果，选择的对象变成了你在"吊桥"上遇到的那个人。

这个人能够深刻地理解你的困难和感受，你不能对远在千里之外的父母说的话，不能对过去的朋友说的话都能在这个身边的人身上得到理解与共鸣。在遇到困难的时候，相互之间的支持与帮助更让彼此感觉对方就是自己的家人，甚至你发现，你们很多时候在价值观上是多么不同都变得不重要，因为他就是你的家人，你身边的那个可以一起取暖的人。这也就是我们所说的，错把规避危险的心理需求当成了爱的结果。一旦危险情境解除，当事人在正常的情境中会重新面对自己的价值体系，重新开始自己的选择。Y 理性地分析下来，其实他们本身想要的生活就完全不同：Y 去德国为的是一种经历，她深知未来自己一定会回到上海发展，她喜欢的是亲人环绕、热闹非凡的生活；而她的男友喜欢安静的生活，在德国的几年经历更是让他对自我认知越来越清晰，他喜欢德国这种平静的、人与人之间有一定空间的独立的生活状态，所以当他在德国找到了一份满意的工作以后，从学生的不安定和无保障状态转化为正常的生活情境后，他已经有能力选择自己想要的生活，所以分手也在所难免。

正是因为我们的孩子看重国外先进的教育理念、制度和资源，越来越多的中国孩子才选择留学。然而我们在关注孩子有没有适应国外的学习与生活的时候，千万不要忘记关注孩子的情感需求，从而避免孩子在新的环境中由于不知道有哪些情感和情绪的处理方法而用恋爱来作情感的唯一寄托。请注意，这里不是不让孩子恋爱，而是让孩子学会真实地面对自己的情感需求，清楚地认知自己的价值体系，从而更加开放地面对新的环境，学习基本的沟通方法，在学习和生活遇到困难的时候，能够寻求有效的帮助，寻找真正适合自己的恋爱对象。

● 正确处理留学期间的情感生活

那当我们的孩子在国外遇到这些问题的时候，我们该如何应对呢？我建议可以从两个方面来对待这个问题。

① 家长方面

家长需要学会管理自己的情绪。对孩子在国外的新环境下遇到的困难保持开放的心态，学会接纳孩子的情绪，并且不过度移情。当孩子向家长倾诉在美国遇到困难的时候，不要过于紧张，过分担心。其实孩子有时候向家长抱怨一下，就是想让父母知道自己很不容易，这时候父母只要给予孩子感情上的理解就可以了，接纳孩子目前的状态。过于理性或过于激动的情绪表达都不合适。如果父母这时候担心过于强烈，那么孩子为了让父母安心，以后再次碰到这样的问题就不会和亲人交流、把家庭作为自己的情绪疏导渠道之一了。过于理性，孩子会感受到自己不被理解的痛苦，同样也会关上和家庭沟通的大门。

在孩子遇到具体困难的时候，我们要相信孩子是有能力解决的，鼓励孩子从多个维度寻求解决问题的方法。如果孩子愿意，可以给孩子一些合理的建议，但是一定要建立在尊重孩子的基础上，不要想当然地认为自己的人生阅历就一定比孩子丰富，家长的建议在彼地彼时就一定会有效。只有孩子是当事人，他最清楚他面临的困难情境和该情境对于他来说的困难程度，以及他自己的应对能力。我们必须尊重他的感受，只有当一个人被尊重的时候，才开始愿意思考别人的建议，并作出是否采纳的判断。

❷ 学生方面

对未来在国外的生活要有理性的预知，进入一个新的国家，一定会遇到很多自己不曾料想到的困难，同时，由于语言的障碍，身边支持系统的缺失，必然会觉得寂寞和孤独。这些都是每一个学生会遇到的情况，但同时也应当抱有任何问题都有解决办法的信念。

抱着开放的态度来面对自己学习生活的新环境，看待身边不同的价值观，不评判，不设限。多了解该国的历史和文化。多和身边的同学、师长、朋友交流。遇到困难的时候多向身边的人寻求建议，很多时候在我们看来不可解决的困难其实在当地人看来非常简单。

尽快地通过语言关。语言是沟通的桥梁，语言的通畅会让自己在和他人的沟通中更加自信，并有助于结交来自不同国家、不同地区的朋友。这些多元的价值观，反过来又会帮助你在面对困惑的时候有多元的视角和维度。你会发现，原本令你困惑的问题或者情绪，从不同的角度来看，原来会有不同的解读。

学习一些基本的沟通之道。沟通能力可以通过有效的学习方法来提升，不要用自己天生性格内向等借口来为自己设限。即便是内向的人也有沟通的需求和沟通的方法与技巧。

学习一些基本的心理学知识。了解一些自我认知的方法，比如自己的价值观是怎样的，自己的恋爱价值观是怎样的。了解一些关于原生家庭的书籍，如果能对自己从原生家庭中带来的一些模式和信念有所觉察和发现的话，更容易打开发展过程中的自我设限，让自己拥抱更多的人生可能性。

总之，留学不仅是我们学习专业知识、获取海外文凭、提高就业竞争力的手段，更是让我们了解不同的社会和文化、获得不同的人生体验、开阔心胸与视野的较佳途经。留学，不仅让我们拥有更高的未来职业选择的能力，也让我们有能力选择自己喜欢的人生方式。

教你认识中美婚恋观差异

　　记得去美国留学之前，我对美国人恋爱方式的印象还停留在流行美剧《绯闻女孩》（*Gossip Girl*）中，加上平时听说的关于西方人恋爱观的传闻，总觉得与中国人相比，西方人的恋爱观更开放，更随意，更"不靠谱"。高中在美国交流期间，有一次在去夏威夷的飞机上，我遇见了一对来自波士顿的律师夫妇。漫长的飞行时间中，我和这对夫妇天南海北地聊起了天。当请教他们对即将来临的大学生活有什么建议时，出乎意料的是，他们竟然建议我在大学好好体验和不同的人谈恋爱，说是多积累恋爱经验才能找到适合自己的类型。男律师甚至毫不介意地分享了他在遇到太太之前，和多名不同族裔女性约会的经历，令当时的我"大跌眼镜"。在美国读书多年后，我越来越意识到美国人在恋爱、择偶，对婚姻看法方面和中国人有很多的不同之处。

● 美式恋爱 VS 中式"早恋"

　　大部分美国人从青少年或高中时期开始约会，这在美国社会里被视为正常随意的事。一方面，青少年们可以通过不断恋爱而积累经验，提高感情方面的成熟度，即便年少时的恋情很难持久，美国的青少年在经历过失恋、分手等挫折之后也能在感情中迅速成长。另一方面，他们能较早地了解到自己适合什么样的恋爱类型，从而形成自己的恋爱观，而不被父母在感情方面过度干涉。在中国，"早恋"是一种特有的概念，大部分家长都视早恋为"洪水猛兽"，一有苗头就要"斩尽杀绝"，生怕影响了孩子的成绩和前途。

　　我在美国读高中期间，所在的住家家庭有一儿一女，儿子上8年级，女儿上10年级。两个孩子都分别有了男女朋友，平时住家妈妈不仅会接送他们去约会，甚至还会经常邀请孩子的男女朋友来家里玩。这让我再次感到震惊！我和住家妈妈就这个问题交流过，妈妈表示孩子们有男女朋友是再正常不过的事情了，而"早恋"的概念让她一头雾水。美国家长对待孩子"早恋"的看法，以及认为孩子们也能和"恋人"正大光明地相处的态度，和我们的概念形成了鲜明的对比。"早恋"时期，恰好是青春期，正处于对异性产生好奇感和兴趣的时期。如果家长不能妥善处理，反而"如临大敌"一样去压抑孩子的天性，反而会激起逆反心理，难以达到令人满意的结果。

● 美式约会文化

　　在美国，约会通常意味着男女一起去看部电影，喝杯咖啡，吃顿饭，是增进彼此之间的了解和寻求欢乐的好机会。和中国约会文化中一对一不同的是，在这个阶段的美国男女未必只和一个异性约会，他们可能同时在和好几个异性约会，并从中挑选出和自己更为契合的人。美剧《绯闻女孩》里，女主角赛琳娜（Serena）一开始和一名有好感的艺术家约会，当发现对方除了她还在见不少女孩时感到很失望，但在艺术家向她解释他对约会文化的看法后，Serena表示了理解和接受，继续和艺术家约会，直到他们共同同意成为一对一的关系。

　　而在中国，约会阶段历来有"不成文"的一对一的规定，不然就会被他人认为是"渣男渣女""人品差""花心""不靠谱"。不仅如此,中式文化下的约会"目的性"往往更强,比如大部分男女从第一天约会的目的就是确认是否能够恋爱,而恋爱的目的就是结婚,仿佛"不以结婚为目的的恋爱都是耍流氓"。因此,中国男女在约会阶段保持的"一对一",某种程度上更强调了结婚的目的性。美国人在成为正式的男女朋友之前,约会的阶段可长可短,也许会"进化"成男女朋友,可能会保持现状,也可能会"倒退",并不像中国人会很明确自己和对方的关系处在什么阶段。处在不同文化中的人对男女约会习俗都有不同的理解,并不分优劣对错,重要的是自己能认同、能接受的方式。

● 择偶观,中外一致偏爱"靠谱"类型

在选择另一半的时候,美国人普遍更倾向于自己作决定,而中国人更容易受到父母的影响。大部分美国人很早就开始积累感情方面的经验,有更多试错机会,所以同龄的美国人和中国人比较起来通常在感情方面更加成熟,更知道自己想要什么,适合什么样的。父母对于另一半的意见虽然也重要,但不是决定性的,更多的是由男女双方自己决定。

相比之下,中国的文化并不鼓励孩子年轻时就开始积累恋爱经验,这导致很多中国年轻人成年以后,甚至工作以后都缺乏恋爱经验,还要仰仗父母多年的经验来"指点一二"。在中国人的择偶过程中,社会价值观、父母意见这些"干扰因素"所占的比重相较于美国人也大多了,我身边不少在美国留学多年的男女同学分手原因往往也是"家长不同意""家庭条件不合适"等。房和车的概念在亚洲国家中也更容易被强行植入一段恋爱关系中。有趣的是,对于感情观相对成熟、恋爱经历丰富的女生来说,不同文化下的择偶观其实非常相似:女性们都更偏好靠谱的好男人类型,认为他们更有责任心,更忠诚,更愿意和这种人一起度过一生。由此可见,传说中西方人对待感情更随便、不靠谱并不准确,对感情认真负责的类型走到哪里都会更受女性青睐。

● **年龄对中西女性的影响**

　　随着女生受教育水平越来越高，在校读书年限越来越长，她们的恋爱结婚都受到了一定程度的影响。年龄的增长，不仅对中国女性，对西方女生的心理和生理也存在一定的影响。对中国女生来说，往往过了25岁，家长就开始焦虑，开始积极地为孩子筹划找对象相亲，不少留学生和"海归"们虽然在国外受到"西化"，依旧"逃不过"这种命运。还在美国读大学的小H就常因为找男朋友的事情和妈妈隔着太平洋吵架，妈妈认为她已经20岁了还没男朋友也不着急，不干"正事"，于是天天催她去隔壁某著名理工大学"锻炼身体"，想让她"偶遇"个男朋友。"海归"女小C则抱怨说，本来以为研究生毕业，回国工作可以开始享受精彩的生活了，可家人却"当头一棒"，总是催促着她找男朋友相亲，仿佛她再不找就马上40岁了，心烦到甚至打算搬出去自己住。

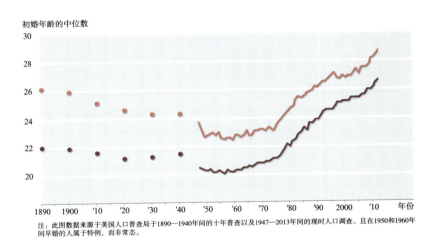

注：此图数据来源于美国人口普查局于1890—1940年间的十年普查以及1947—2013年间的现时人口调查。且在1950和1960年间早婚的人属于特例，而非常态。

图3　美国男女初次结婚的年龄

　　图中展示美国人口普查局（U.S. Census Bureau）统计的关于1947—2013年美国男女初次结婚的年龄。可以看出，初婚年龄从20世纪五六十年代最低的年龄开始一路飙升，2010年后，男性首次婚姻在28—30岁之间，而美国女性初婚年龄在26—28之间。在美国多元文化的社会背景下，有单身主义者，有男主外女主内的传统式家庭，有"二婚三婚"组建的大家庭，有跨族裔家庭，还有同性家庭，并没有统一的社会标准强迫你在某个年龄之前结婚，并催促你把结婚生子当成"人生目标"。随着年龄的增长，未婚的美国女生依旧会受到影响，然而相比于中国女生由于年龄而来自父母亲戚，以及社会上的强大外部压力，美国女生却面临着不同的压力。外部的压力常常是来源于生活方式（lifestyle）：当你周围的朋友，你的亲戚们慢慢步入了人生的下一阶段，你不由得开始思考自己目前的生活方式是否也需要改变。尽管生出下一代并不再是每个女性必须做的（而成为选择之一），然而随着年龄的增长，不少美国女性仍旧会受到来自内部的生理压力，从而产生了焦虑感。由此可见，年龄并不只会对中国女性产生影响。

● 中美对比后的启示

大部分的留学生们在中国长大，又去美国接受了西方的教育，无论是坚持"中式"还是吸收"西式"，往往都会形成自己独特的恋爱观。海外的留学生们的优势在于处在美国宽容自由的大环境里，更习惯进行批判性的思考，通过知道自己想要什么来树立自己的恋爱观，而不是copy父母的模式，或过度受他们的影响。然而，传统文化的影响和来自社会、父母、亲戚的压力，对于成长于集体文化中的留学生们依旧不可小视，这样往往也导致了很多矛盾冲突。

无论是谁，无论是身处何地，人都难免会受到周围环境和人的影响。基于不同价值观而作出的决定，也常常无关对错。更重要的是：你怎么看待这些外界的影响？你是否认同这些影响背后的价值观？你内心的感受和判断是怎么样的？有时候，你作出的选择和决定，最重要的不是对他人负责，给他人一个交代，而是成全自己，对自己诚实。

你遭遇过情感上的冷暴力吗

　　如今社会里，大家普遍对"家暴"有了较为清楚的认知，而"零容忍"几乎成为大多数女性面对男女朋友之间、夫妻之间身体暴力行为的鲜明态度。常常浪迹于北美留学生各大微信、微博公众号的留学党们一定很清楚，一旦涉及"男友有暴力倾向"等话题，大部分人都会本着"只劝分不劝和""不分留着过年吗"的态度。然而，"家暴"并不只有一种形式，大部分人对另一种形式并不熟悉。**情感暴力**（emotional abuse），或**称冷暴力，是指在一段关系中一方对另一方采用侮辱、控制、贬低、惩罚、冷默等情感处理形式。冷暴力的一方往往会对另一半造成情感伤害，比如自尊心、自信心下降，抑郁，焦虑等。和身体上的暴力相比，冷暴力往往更加隐蔽，难以发现，甚至施暴者和受虐者双方都没有注意到正在发生的行为是暴力行为。**和身体暴力结果相似的是，遭受情感暴力的一方会对施暴的一方产生恐惧感，并且会改变自己行为去迎合对方，让对方保持愉快。

　　随着留学党们越来越偏向低龄化，很多学生出国时并没有太多恋爱经验，即便处在一段"虐心"的感情中，大多数人也难以意识到自己的遭遇是不合理的。有些人甚至渐渐习惯了对方的"霸道总裁式"的控制欲，丧失了对健康恋爱关系的认知。我们曾经有个学生硬实力和软实力都不错，只是有一年的 GPA 不合情理地低。被询问到的时候，这个学生坦言，她以前的男朋友是个控制欲非常强的"大男子主义重度患者"，不仅禁止自己的 GPA 高过他，还声称："你的思想不能超越我的思想。"因为这个学生在生活中非常依赖男朋友，所以明知道这段感情不健康，也很难抽身。直到家人干涉，她才逐渐醒悟。

即便名校出身，智商、情商双高的学生也难免会掉进这个"陷阱"。我有个就读北美排名 Top5 学校的学霸朋友曾深陷于一段不健康的感情中无法自拔。她的另一半总是拿她和他人作比较，讽刺她的智商和外表在名校的天之骄子里不够出众。另一半还建议两人设立一个共同的银行账户方便分担生活花费。在账户建立好之后，女同学的家人会按时给这个账户打生活费。然而，她的男朋友却霸占了这个账户，并且按照自己的意愿支配所有花费方向和比例。女同学表示非常的气愤和不甘，但又不敢告诉家人，怕他们责怪。她在这段感情里过得非常不开心，平时还要小心翼翼看对方脸色。她缺乏恋爱经验，并且男朋友总是在她想分手的时候对她态度大转变，所以一直无法下定决心结束。直到多年之后遇到现在的男友，她才意识到一段健康的恋爱竟然可以这么正能量，这么令人愉悦。

● 来自另一半的情感暴力的表现

（1）你不敢直言不讳地向另一半要求什么，或者告诉他什么，因为你怕他生气，害怕他可能出现的负面反应。在美国这个高度珍视个人权利、自由、平等的国度里，这样的情感状态无疑是不健康的。

（2）你的另一半总是指出你有很多很多的缺点，把你和别人作比较。比如，你的 GPA 太低，实习经历太少，不够 social，看人家小 A 拿到了某著名实验室的录取，小 B 申请到了某藤校重大项目，小 C 找到了某著名投行的工作，等等。他指出你的缺点，拿你和别人比较，并不是想要帮助你激励你，只是想提醒你有很多缺点。这会让你越来越自卑，缺乏自信，觉得自己不够好，也只有他才愿意和你在一起。我曾经有个好友就属于这种情况，自从恋爱了之后自信心越来越差，她认为，本来北美华人圈里合适的对象就很少，男朋友和这样的自己在一起更是"屈尊"，所以即便男朋友要求不合理，也是百般忍让。

（3）你的另一半经常对你无缘无故地发脾气，有可能是因为他这门考试成绩不好，有可能是因为天气不好，甚至有可能无缘由地生气。你就像他情绪的垃圾桶，明明自己平时还要上课，赶 project，实习，却还要抽出时间来容纳他的负面情绪。小留学生的家庭经济能力往往都不差，在国内的时候很多学生都是被捧着的"小公举"，习惯被顺着被哄着，然而这并不能成为恶劣对待另一半的理由。

（4）你的另一半对你的异性朋友很反感，总是在你面前贬低他们，并且他不喜欢你有很活跃的社交生活。逐渐地，你发现周围的朋友，甚至家人都和你越来越疏远了。在北美寂寞的生活中，他变成了你的全部。如果有一天你和另一半闹翻了分手了，你会发现你连倾诉、依靠的对象都没有。

（5）当你试图为自己说话，或者企图反抗他的控制时，他会选择冷处理你，或者恐吓、威胁、骚扰你。习惯情感暴力的人通常不愿意放弃在一段关系中的自己的权利，他们会利用你的愧疚，直到你心怀内疚地道歉才会结束冷战，或是屈服于他的强权之下。这样反复之后，你逐渐失去了反抗他的能力，即便知道他的做法会伤害到你，也只能无条件地顺从他。

（6）你的另一半会对有关你的私事作决定，比如：旅游去哪里，选什么课会方便两人一起吃饭，什么时候从国内回来，等等。有关自己的事，你连话语权都没有。

● 冷暴力中的心理学

有些同学会奇怪，施暴者是如何形成这样的习惯的。根据心理学家迈克尔·J·福米卡（Michael J. Formica）的研究，**情感暴力的**

施暴者内心往往是几乎病态地缺乏安全感，他们对自己的社会价值缺乏自信，所以通过支配和控制对方来获取自己的价值。他们缺乏安全感的原因是恐惧和担忧，担心没有人会爱他们，担心自己会显得很弱势，所以需要通过在心理上虐待对方获取控制欲，来填补自己的不安全和焦虑感。

　　然而被虐的一方和施虐者一样缺乏安全感。他们同样认为自己缺乏社会价值，所以需要"牺牲"自己，通过满足对方的无理要求来证明自己。缺乏安全感的原因，同样是认为自己不会被他人爱，"心甘情愿"接受这样一段不健康的感情，以期获得对方偶尔展现出来的"爱"和"体贴"。极端情况下，被虐的一方会习惯这种关系，并且觉得很"舒服"，以后即便分开之后也会不断反复。即便在寻找新的感情时，也会倾向于再次陷入一段不健康的感情中。

● 停止情感暴力的唯一方法是改变你应对它的方式

　　（1）和另一半相处过程中，当你感到越来越不自信，甚至产生了焦虑和抑郁的情绪，并且他对你的态度越来越专制且刻薄时，也许是时候停下来，参照一下以上情感暴力的特征了。由于情感暴力的隐蔽性，施暴者和被虐对象往往都对正在发生的情况不自知，所以对自己的情绪和感觉保持敏感度，可以有效地预防和及时免除伤害。另外，情感暴力很容易"升级"成身体暴力。如果出现了这种情况，请毫不犹豫地拿起电话拨打911，没有什么比你的安全更重要，更何况有第一次就会有第二次、第三次。

　　（2）你应当清楚自己在一段感情中所拥有的权利。你拥有和另一半地位平等、受到尊重的权利；你拥有随时随地表达自己的想法、观点的权利；你也拥有在重要的问题上得到对方诚实、清晰的答复的权利。最重要的是，当你对这段感情改变心意，或者想要结束它时，你完全有权利这样做。如果你的另一半劝你放弃这些基本权利时，你应当毫不犹豫地捍卫自己。

　　（3）意识到你无法改变另一半。帮助你的另一半意识到，他对你的暴力行为并不是你的责任，你也不必为了帮助他改变问题而继续呆在一段不健康的关系中。更重要的是，你要对自己负责，而不是为了给你带来伤害的人。

（4）建立起你和另一半之间的个人界限，并且清晰地表达出哪些行为你完全不能接受，在这个基础上加强对方在这方面的认识。如果对方一再挑战你的界限，也许就是你彻底离开的时候了。很多同学表示，分手难的原因是不喜欢放手，以及难以想象没有另一半之后的孤独生活。但是想想"情感暴力"带给自己的伤害，这一切真的值得吗？在我们不成熟的感情道路上，总有不确定，总有跌倒，总会迷路。在异国他乡，我们更需要好好保护自己，照顾自己。

关注！为何留学生中抑郁症频发

　　Y同学从小在外婆家长大，童年时期，外婆不让他和小朋友玩，导致他没有什么朋友。上学之后，外婆本着"负责任"的态度，把Y同学的成绩看得比什么都重要，于是一路重点学校、奥数、刷题，Y一直活在冲刺的路上。到了青春期后，由于考试紧张，学习压力大，而自己的文科弱势开始凸显，理科也不再有优势，Y渐渐地走到了抑郁和情绪崩溃的边缘，开始找心理医生。Y在10年级时决定出国，转入了国际班。当他拿以前学校的数学卷子和国际高中的作对比时，觉得国际学校的试题太简单从而大受打击，再次情绪崩溃去见了心理医生。整个10年级，Y的GPA和他的情绪一样低落，他始终解不开心中的结：成绩不好，进不了好的学校，我就是个失败者。

　　对于成绩一味的追求，让我们忽略了对学生心理健康和情绪的关注。很多学生在出国前就有了大大小小的情绪"隐患"，当到了异国他乡独自一人时，离抑郁症还会远吗？

　　2015年，耶鲁大学的W同学买了一张去旧金山的单程机票，2天后她在脸书上更新了最后一条留言，几个小时后从金门大桥纵身一跃。年仅20岁的她，由于受到严重的抑郁症和精神方面的影响，选择了这条令人惋惜的道路。同年5月，耶鲁大学商学院的一名中国男生因感情破裂、家人生病而患上了抑郁症，从而影响到了他的心理状态，这导致了成绩无法达标，最终被耶鲁终止了学业。

搜索新闻，类似以上的留学生患有抑郁症而导致自杀、学业不达标、退学的报道层出不穷，也为很多中国家长打开了新大门：**原来留学生活不仅需要关注GPA、名校录取、实习机会，更要关注学生的心理健康和精神状态。**在美国大学里，学生的心理健康早已成为一个被关注、被重视的话题。哈佛大学健康中心的主任保罗·巴雷拉（Paul Barreira）认为，**大学时期是很多常见的心理问题第一次浮现的时候。**很多学生人生中第一次远离家乡，激烈的学术压力和竞争，不确定的将来和其他因素，导致他们压力过大。这些学生成绩往往很好，但是缺乏处理情绪的能力，所以当遭遇负面的事件时，他们会很脆弱，在这方面，聪明并没有什么用。

● 近几年美国大学生心理健康数据

（1）一份来自加州大学洛杉矶分校的研究表明，在参与调查的150000名大学新生中，有超过10%的学生声称，自己在过去的一年内"频繁"地感到抑郁。与2010年的6.1%相比，心理状态不佳的学生大幅度增长了。另外，只有50%的受访者认为他们的情绪是健康的。

（2）2013年的另一项大学生调查表明，57%的女生和40%的男生在前一年经历了"无法承受的焦虑"。此外，还有33%的女生和27%的男生表示，过去的一年中的有段时间感到非常抑郁，以至于无法进行正常的生活。

（3）一项2014年的来自加州大学伯克利分校的研究表明，47%的博士学生和37%的硕士学生也表示，他们在校期间经历过抑郁的症状。

（4）2012年的一项研究表明，每4个大学生中，就有一人曾出现过某种形式的心理问题，其中75%的学生不会去寻求心理咨询的帮助。抑郁症是引起青少年自杀的最大的因素，而自杀是引起大学生死亡的第三大原因。

● 抑郁症到底是什么

根据美国国家精神健康机构定义，抑郁症是一种常见且严重的疾病。抑郁症会引起严重的心理症状，对人的感受、思考、日常活动，例如吃饭、睡觉、学习工作都产生影响。一般持续两周以上的情绪症状才会被诊断为抑郁症。留学生在海外因为学业生活压力，心情难免会有起伏，这都属于正常现象。一般情况下，情绪的波动几天内就会恢复，然而抑郁症会更为持久，并且对日常生活造成严重的影响。

● 留学生面对的独特挑战

❶ 语言不通，文化差异大，容易被边缘化

对大多数中国学生来说，即便托福考了高分，到了美国也很难和当地同学打得火热。这不仅因为美国同学的英语更偏口语化，更多的是由于文化背景不同带来的隔阂。经常听中国的留学生抱怨，美国人的笑点和中国人完全不同，平时看电影时明明不好笑的点美国人都会哈哈大笑，而中国学生往往感到很茫然，只能相顾无言。不仅如此，大部分中国学生和美国学生平时关注的政治、财经、娱乐新闻都不一样，所以很多留学生即便在美国生活，关注的信息内容依然集中在国内。这种情况下，即便英语很流畅、沟通完全不成问题的留学生也很难和美国同学找到共同语言，长此以往，无论在美国学习生活多久，都处于被社会边缘化的状态。

❷ 缺少朋友，时常感到孤独

另外，大部分留学生都会面对的一个问题，是身处异国他乡感到孤独。不少中国学生都觉得，结交美国朋友还是很困难的，除了学习

上课，平时似乎很难找到共同的兴趣爱好，所以很多留学生都倾向于和中国人玩小团体，和主流群体不免产生了隔膜。时间久了，有些中国学生就觉得在美国的生活很空虚、很孤独，这些负面感受也成为患上抑郁症的温床。

❸　学习压力大

在校期间，频繁的考试、小组项目以及论文安排得满满当当，如果没有强大的学术管理、规划以及抗压能力，精神很容易被"掏空"。我在美国念书时，即便学习很忙，也坚持每周去上1—2节瑜伽课，有助于放松精神和身体紧绷的状态。

●　留学生患抑郁症带来的恶果

❶　成绩下滑

当心理健康受到影响时，作为学生最直接的体现就是成绩下滑。被抑郁症困扰的人无法集中注意力，比较严重的人甚至无法起床、出门，连自己的生活都无暇打理，就更无法全身心地投入学术生活了。根据美国不同大学的规定，如果几门成绩过低，有可能被学校终止学业。

❷　正常的社交生活受到影响

受到抑郁症困扰的人在社交活动方面也缺乏兴趣，不会像其他人对外界的活动、新鲜事物产生兴趣并主动接近。相反，抑郁症患者更希望世界的运转能匹配自己的节奏，能慢一点。

❸　危险性的行为

抑郁症最极端的表现就是自杀。据不完全统计，仅2014年一年，抑郁症已夺去8名中国留学生的生命。无论是出国前已经得了抑郁症，还是出国后才患上，都需要重视和积极治疗，不能掉以轻心、走向悲剧的结局。

● 对抑郁症的一些误解

❶ 将抑郁症等同于悲伤

不了解抑郁症的人，以为患者只是心情不好，不高兴而已。和普通的心情低落不同，抑郁症是一种真实存在的心理疾病，而且很多时候抑郁症患者看起来完全没有悲伤的迹象。美国国家卫生研究所研究表明，**很多抑郁症患者并不会感到特别悲伤，甚至很多人不会感受到很多情绪。**大部分抑郁症患者会具有思维迟缓，意志活动减退，认知功能受到损害等表现。

❷ 得抑郁症是精神脆弱的表现

很多人认为患有抑郁症是精神脆弱的体现，只有"玻璃心"、抗挫折能力差的人才会得抑郁症，如果意志足够坚强是可以自我恢复的。这种误区在于没有承认抑郁症作为一种病的存在。如果有人得了心脏病，一定没有人认为病人仅靠坚强的意志就可以恢复。实际上，抑郁症是由生理、心理、社会等多种原因造成的，并且抑郁症会造成脑部和神经系统永久性地改变，很多"坚强"的人也会得抑郁症。

● 对家长和学生的启示

希望家长和学生在了解了关于抑郁症的知识后能重视心理健康，提高对自我状态的关注。如果学生有了抑郁倾向的心理症状，一定要第一时间努力寻求帮助，千万不要拖延。荷兰的一项研究表明，轻度的抑郁症可以在不治疗的情况下自然痊愈。然而和接受治疗相比，不采取任何措施的情况下抑郁症自愈的周期更久，甚至可以达到2倍的时间！对低龄留学生来讲，拖着不去寻求帮助，不仅会对学业生活产生负面影响，更有可能加重症状。

❶ 最推荐的方式是去学校的咨询中心接受评估和帮助

所有美国大学都会配备有经验的心理学家或咨询师，为学生每个学期或每学年提供一定数量的一对一的免费治疗课时，并根据学生的状况采取心理治疗或抗抑郁药物治疗。即便只有短期的抑郁症状，去咨询中心进行短期的治疗对调节和恢复也会有很好的帮助。近些年，随着大量中国学生涌入美国校园，越来越多的大学开始重视亚裔心理健康问题。有些大学开始在心理健康中心配备亚裔咨询师，方便亚裔学生咨询。通过咨询心理学家，可以更有效地了解抑郁症产生的源头，并减轻它在生活里的负面影响。

❷ 保持身体的活跃，例如多运动

抑郁症患者精力水平一般都很低，但是保持在较低的水平对抑郁症很难有治疗作用。通过迫使自己去运动来提高身体的活跃程度，可有助于提高神经可塑性，帮助大脑多分泌胺多酚，使人心情愉快。心情抑郁的学生，可以坚持去学校的健身房跑步，健身，参加运动类的课程，例如瑜伽、普拉提、团操等，即便是简单的在公园里散散步也能有助于心理健康。

❸ 不要隔绝自己，一定要走出去参加社交活动

尽管抑郁症患者倾向于自己独处，然而和家人朋友相伴着参加社交活动，以及与自己有相同兴趣的人作伴，倾吐自己负面的情绪等会对心理健康大有益处。千万不要认为你和他人不同而产生自卑心理，每个人在一生中都难免遇到情绪上的挣扎，更重要的是不要放弃自己，去努力地走出困境。

❹ 强迫自己去做喜欢的事，尝试新活动

抑郁症的表现之一是对自己喜爱的活动失去兴趣，对生活丧失热情和希望，变得消沉。强迫自己去做以前喜欢的事，是让自己对生活重新提起兴趣的方法之一。强迫自己探索新的活动和发展新的兴趣也比什么都不做要好得多。

警惕！留学生的自杀梦魇

　　随着中国留学生大批涌入美国校园，有关留学生学业压力大，难以适应美国校园生活导致出现心理问题，乃至自杀、猝死的新闻层出不穷，并渐渐开始引起了社会的关注。2016年，一名宾夕法尼亚大学沃顿商学院的亚裔学生，遭地铁撞击身亡，被警方认定疑似自杀。这名女生去世前是金融专业的大三学生，被同学形容为热情、活泼分子。宾夕法尼亚大学属于常春藤大学之一，在过去3年里已经发生了10起学生自杀事件，而非常春藤的名校麻省理工学院和纽约大学也有居高不下的自杀率。

　　根据美国大学健康组织出具的数据，从1950年开始，15—24岁年轻人的自杀率上升了3倍，自杀已经成为当今大学生位列第二的死亡原因。专家估计，在美国，每年有大约10888名大学生死于自杀，每12个学生里就有一名学生曾经制定了自杀的计划，每100个学生里约有1.2个学生实施了计划。而引起自杀的首要原因是抑郁症。美国大学健康组织的一项调查显示，25.6%的大学男生和31.7%的大学女生在2015年曾遭受过抑郁症的折磨而导致无法进行正常的学习生活。其他，例如焦虑症、学业压力、孤独感都容易导致学生走上绝路。

是什么原因导致了当今美国大学生，尤其是被名校光环笼罩的、前途光明的"天之骄子"，在最美好的年华里，频频走上绝路？进入大学，这些年轻人通常是第一次远离亲人和朋友，在陌生的环境里开始全新的生活。失去了原有的社会支持系统，这些大学生往往不得不独自面对巨大的学业压力，生活环境的改变。留学生不仅肩负着这些相似的压力，还多了语言、文化、饮食上差异带来的冲击。

● 当优秀变成了理所当然

进入名校以后，很多学生发现周围充斥着各种聪明、优秀、有竞争力的人，过往自己骄傲的成绩变成了平均水平，甚至"D"。**对大多数"天之骄子"来说，失败是个完全的陌生人，但如果从未经历过失败，无法接受自己的不完美，不能够快速调整自己的心态，原本美好的校园生活自然会被蒙上阴影。**

生前就读于麻省理工商学院 MBA 项目的一名中国女生，在外人看来一路上履历辉煌，令人羡慕，然而最终选择在寓所自缢身亡。她以往的博客里面写道，"在哈佛上暑期班，一样年纪的美国上层阶级的女孩子，不论是白人还是华人，都要比我成熟和老练很多"，"在麻省理工商学院，跟世界的高级人才比，我唯一的优势就是一口流利的中文……同学们不光工作认真勤奋，并且十分高效和考虑周全。不光学业和工作的专业程度让我无法胜出，而且我发现他们很会说话和做人。他们知道什么时候该说什么，知道如何不动声色地达到他们的目的"，"……更出乎我意料的是同学回家以后关起门来干的事情。因为上个学期练功的原因，有的时候，我也可以睡得很晚了，沾沾自喜的同时才发现，我的许多同学凌晨三四点钟照样给我发电邮。我跟他们了解更多以后，才发现许多人都是校际甚至国家级别的运动健将或者艺术家。这些国际上真正的精英们在各个领域上抗衡，其领域远远高于工作和学业……"。她的博客内容透露出进入麻省理工后，优秀有能力的学生比比皆是，而她对自我的要求极高，于是产生了深深的失落感和挫败感。

《波士顿全球报》的一篇采访说，另一名来自麻省理工学院的学生，在高中时代考试从未低于90分，然而在MIT的第一学期的物理考试中只拿了27分，这门课最终拿了D。这名学生不得不每周三熬夜做题，感到无比的疲倦，她形容自己在MIT的生活是绝望的，因为过去的自己从来没有在任何方面失败过。在"高压锅"式的MIT，仅2016年3月就有两起学生自杀事件。为了降低自杀率，学校倡导教授们降低课程的学习量，开展了"我们都在挣扎"的活动，旨在正常化每个人的不完美以及鼓励学生们重视自己的心理问题。在留学生群体中，这样的例子还有很多很多。

● 过于追求完美是学生的毒药

宾夕法尼亚大学心理咨询中心的主任比尔·亚历山大（Bill Alexander）坦言，3月和4月是每年学生压力最大的时期，因为他们要同时忙于考试、满足毕业要求以及寻找工作。在几所竞争激烈的大学中，学生们往往被学业的压力逼迫到了崩溃的边缘。康奈尔大学健康服务中心的格雷戈瑞·T·伊尔斯（Gregory T. Eells）认为，如今太多大学生在社交媒体上展现出自己无忧无虑、近乎完美的生活，然而事实并不是这样。他认为在社交媒体上表现出完美的一面，对展示者和看到的人或多或少都是有害的，因为这样强调了学生对完美无瑕生活的追求。过于追求完美，反而让人们丧失了成长和变得更好的机会，毕竟人生的一部分就是不断犯错、不断提升自我的过程，这样才证明了人们有无限的机会去学习，去提升适应力和抗挫能力。

对完美的过度追求（名校offer，GPA 4.0，名企实习等）和现实碰撞，往往令留学生群体心理压力巨大，负面情绪堆积。在美国留学这些年，常听说留学圈里盛传着"中国学生都是高GPA""只有好工作才算工作"等言论，这更加助长了留学生们对完美的不懈追求和对"不达标"学生的鄙夷和轻视之情。这些言论不仅让学生们忽略了自己能力和理想相比的局限性，而且降低了他们对失败的容忍度和抗挫能力。过度追求完美，对于个人的成长不仅没有帮助，有时还会成为一剂毒药。

● **如何预防走向极端**

❶ **给学生的启示**

进入大学不仅仅代表进入了新的学习场所，对很多人来说，更代表了一连串的改变和压力：新的城市，新的同学，新的生活环境，新的课程安排，甚至新的语言、文化和食物。而且远离了原有的社会支持系统，远离了熟悉的、舒适的生活环境。即便在过去的学校里成绩辉煌，然而在新的环境里，尤其是名校里，取得糟糕的成绩，遭到情感上的挫折，都是在所难免的。

留学生可以做些什么呢？

（1）留学生们需要学会调整自己面对压力的心态，练习有效的应激手段，例如保持规律的运动，健康的饮食，以及充足的睡眠和良好的人际交往频率。在美国大学中，几乎是全民参与健身和活动。中国留学生参与其中，不仅仅锻炼了体魄，释放了压力，同时也能够结交志趣相投的朋友，扩展自己的社交圈。

（2）所有美国的大学都有为学生服务的心理健康咨询中心，配备针对自杀、抑郁的防御项目。当感到情绪极端低落，自己的学习生活无法正常进行时，建议学生向专业人士寻求帮助，而不是压抑自己的负面情绪。很多学生认为，去求助心理方面的专业人士，会被人认为是不够强大、太脆弱，以及有心理疾病的表现。实际上，主动寻求帮助并不是一件令人羞耻的事，反而体现了内心的强大和对自我的关注。心理咨询也不仅仅为"病入膏肓"的人而提供，生命只有一次，人们应该珍惜和爱护它。

（3）在美国大学中，每年都有一批学生希望迎接更大的学术挑战而转学到排名更加靠前的学校。也有不少学生因无法承受名校中的学术压力而退而求其次，转到排名靠后的学校。秉持着"宁愿做凤尾也不做鸡头"思想的中国人可能会对这种状态感到奇怪。但其实，学生转入匹配自己学习能力的学校，不仅仅可以收获更加漂亮的学术成绩，有利于未来的升学和就业，还能够收获更多的自信。就算暂时转入排名靠后的学校，学生也只要努力获取一个漂亮的学术成绩，也还能转回排名更加靠前的学校。

❷ 给家长的启发

并不是成绩优秀、头脑聪明的孩子就能保持心理健康，不走极端。中国的家长一直活在对孩子成绩的焦虑，以及对名校盲目的渴望和追求中，而缺少对孩子心理健康方面的关注。随着"留学大军"的人数逐年上升，留学生越来越呈现出低龄化的趋势。而在异国他乡缺少父母陪伴，小留学生们面对陌生的文化、环境以及社交和学业的双重压力，需要更多来自家庭的关怀和支持。

家长可以怎么做呢？

（1）应当和孩子保持一定频率的联系，不管是通过电话、视频还是微信等通讯工具，要让孩子感觉到和家人的紧密联系并未因为身处异国而疏远。离家远了，心却更近了。尤其是初到海外的孩子，非常需要来自家庭的温暖来帮忙度过在异国他乡的适应期。所以，其实这个阶段，孩子非常愿意与父母沟通。父母只需要和孩子约定沟通的频率，是一周一次，还是一周两次，并且固定时间，就基本不会打扰孩子的学习。

（2）家长可以通过寄来表示关心的包裹，向孩子传达家人无条件的关爱和支持。比如家乡特产，中国的杂志、书籍等，但要避免邮寄肉类、香肠、新鲜的茶叶、奶制品等食品，以免被海关查处。

（3）另外，家长应当多关心孩子除了学习以外的其他方面的生活状况，比如心理动向、心情和情绪的健康等。家长不要一味向孩子传达"学习好是第一位的""你只要关心学习，别的都不要在意"等理念，而应该强调孩子的身心健康比学业更重要。

（4）家长应当注意和孩子的沟通方式，要避免指责、贬低、打击孩子，而应多采用鼓励、信任和支持的方式。家长应当赋予孩子对抗学习和生活中的困难的勇气和信心，让孩子感受到家长无条件的支持和爱。

最后，下图是美国压力最大的5所大学排名。

图4　美国压力最大的5所大学排名

美国大学心理咨询的正确打开方式

　　当心理咨询在西方发达国家已经相当普及时，中国人依旧对这门服务存在较大的认知误区。提起心理学，大家往往最容易联想道，"懂得心理学的人肯定能看透我心里在想什么"，"心理学专业的人对星座、手相很有研究吧"，或者是"心理咨询就是陪聊天，提建议"，"只有精神病才需要心理咨询，正常人才不需要"，等等。这些误解往往让心理学专业人士哭笑不得。

　　随着这几年留学群体的人数暴增、低龄化，爆出了越来越多的留学生由生活学业压力大而导致的抑郁、自杀、伤害他人等心理健康方面的负面新闻。然而，由于中国人对心理咨询服务缺乏了解，大部分留学生即便在异国他乡产生了压力和负面情绪，也不会主动寻求学校提供的心理咨询服务。很多同学因为文化或者语言的障碍，羞于寻求帮助，产生了问题也只会默默地忍着，压抑自己的情感。还有些同学认为时间可以治愈一切，向朋友吐吐槽就行了。但是这些方式无法解决根本问题，还会越拖越严重。这些未解决的心理问题，往往会影响到在美国的学习生活的质量，甚至会让个别学生走向极端。

● 心理咨询的定义

　　那么心理咨询到底是什么呢？美国心理协会认为，心理咨询是一种发生在心理学家和客户之间的、以对话形式为主的治疗方式。心理咨询的目标，是在心理学家提供的支持的、客观的、不批判的环境中，通过合作的方式，帮助咨询对象提升自我，解决心理方面的困扰。心理咨询除了一对一的服务，还包括团体咨询、家庭咨询、夫妻咨询等灵活多变的形式。

　　我们的一个学生在美国念高中时，每次考试一考差就会哭个不停，一直责怪自己笨。后来，老师担心她的心理状态，就推荐她去找心理老师作心理评估和疏导。在心理老师的帮助下，这个学生意识到自己情绪上的失控其实是来源于对美国的不适应和想家，并没有心理问题。在心理咨询的过程中，她的心理状态渐渐调整过来了，变得积极乐观了许多。

　　我在美国读书时，有个中国女同学因为家里经济状况出了问题，感情生活也不顺，情绪一度非常低落，导致她无法去学校正常上课。她的朋友都很担心她，后来她在一个学姐的推荐下抱着试试的心态去了学校的心理咨询中心。那个时候，大多数中国学生对学校有这项服务都闻所未闻，更谈不上去接受咨询了。后来据这个女同学说，学校的咨询师对待她态度温柔，即便双方国籍、年龄、背景完全不同，她也感受到了前所未有的被人理解和懂得。面对陌生的咨询师，这位女同学刚开始有些拘谨，并不能很快地进入角色。慢慢地，在咨询师的鼓励下，她逐渐开始敞开心扉，可以不顾忌太多地讲述自己的故事和感受了。令她感到惊讶的是，咨询师每每听完她的故事后，并没有直接下结论或者给出建议。相反，咨询师常常询问她的想法和感受，并且根据她的想法来鼓励她进行思考，甚至对她一些难以启齿的想法也进行了肯定。另外，在刚开始咨询时，女同学的英语有些磕磕绊绊，和咨询师沟通时缺乏自信，总担心对方听不懂自己的想法。逐渐地，在咨询师的鼓励下，沟通过程变得顺利起来，她的英语水平也有了提升。除了一对一的咨询，咨询师还向她推荐了一些校园里的其他资源，例如情感方面的互助小组，管理情绪、压力方面的 workshop，甚至鼓励她向学校申请 gap 一个学期，以方便回国在家人身边调整状态。

　　然而大部分的中国留学生，对参与心理咨询还是拒绝的。拒绝的很多原因是对心理咨询的一些误解，那么有哪些常见的误区呢？

● **心理咨询的常见误区**

　　（1）心理咨询就是给客户建议。咨询师不是客户的亲戚、朋友，会在客户遇见困难的时候，根据自己的生活经验奉上杂七杂八的意见。当客户主动寻求咨询时，大多时候已经收到了各式各样的建议，但依旧对自己没有太大帮助。**咨询师更像一个有经验的教练，以合作和协助的方式来帮助客户进行积极地改变自我，提升自我**，就如同"授人以鱼不如授人以渔"。

　　（2）只有精神分裂、重度抑郁症的客户才有资格寻求心理服务。**除了服务心理问题较为严重的客户，心理咨询师也针对日常生活中的小困扰给予帮助**，例如，情感方面的困扰、人际关系、家庭沟通问题、学业压力、协助出柜的决定等。我在纽约作为心理咨询师的那一年里，见过的来访的客户需求也是千奇百怪：有想解决孩子在学校不守纪律的，有谈论自己和男人之间混乱关系的，有想找出最近心情低落缘由的，还有寻求度过失恋、失业、搬家后的低潮期的……比起中国人，西方人更能有效利用心理咨询的服务。

　　（3）寻求心理咨询是示弱的表现，强者能让自己重新站起来。恰好相反，**主动承认自己的需求，寻求帮助、改变的客户往往是强大的，是关爱自己和有责任心的体现**。在我遇到的客户中，不乏顶级名校毕业生、企业CEO 等智力能力超群的人，他们同样勇于承认自己的弱点和需求，并且积极配合咨询师，一起寻求有效的解决方法。

　　（4）我可以靠家人、朋友的安慰就好起来。对个体来说，家人和朋友的社会支持固然重要，但是咨询师往往受过更专业、严格的训练，不仅能更有效地倾听客户的需求，表现出对客户无条件的支持和认同，还能展现专业的同理心。**更重要的是，咨询师的目标不仅是解决当下的困惑，更是**

协助客户激发内动力，实现个人成长、自我改变。

● 打开心理咨询的正确方式

在美国，所有的高中、大学都为学生配备了咨询师来解决学生情感、心理方面的各种需求。学生往往可以通过学校咨询中心的网站、电话，或者直接上门的方式去预约咨询师。大部分学校的咨询中心对在校学生提供一定数量的免费咨询课时，甚至有些学校会将这些费用包含在学费里，例如乔治华盛顿大学。所以合理、有效地利用这些资源也是非常重要的。

以加州大学伯克利分校为例，在它的大学健康服务中心的咨询网站上（https://uhs.berkeley.edu/counseling），可以找到针对在校学生、学校教职工、学生家长群体服务的分类。细分下来，又有个体咨询、群体咨询、精神药物、社会服务、紧急关怀、预防和教育等服务分类供挑选。伯克利为在校学生提供一学年8次的免费咨询课时，学生可以很方便地通过网站直接预约咨询师。随着近年大批量国际学生的涌入，学校越来越意识到国际学生文化的独特性、需求的多样性以及挑战，并且开始逐渐配备适合国际学生的咨询师，以及开设心理学的相关讲座。比如说，越来越多的亚裔咨询师开始加入学校的咨询中心，来匹配亚洲留学生的语言和文化需求。我们再以约翰霍普金斯大学为例，该校更是开设了针对国际学生的国际学生互助小组和国际学生桥梁项目，旨在帮助留学生们更好地适应美国的文化、学业和校园生活。

那么，很多同学会关心咨询的过程是怎么样的，咨询时我应该说什么，不应该说什么。一般按照咨询的流程，咨询师会用1—3节的课时对客户进行问题的收集、评估，来帮助判断问题的严重性、影响力等。每个课时从45分钟到一个多小时不等，往往是由咨询师来控制进度。这段时间里，学生只需要诚实地阐述自己遇见的困惑，尽可能地让咨询师了解问题所在，才有助于之后的治疗。到了治疗阶段，请尽情谈论自己的感受！中国学生通常倾向于避免谈论自己的感受，喜欢谈论事实。然而如果想要咨询师更好地帮到自己，往往需要"透过现象看本质"。另外，有些同学觉得：现有的咨询师对我没太大帮助，可以终止或者换人吗？当然可以。咨询师和客户之间也讲求匹配，只有匹配度高的时候，两者之间的沟通才能更顺畅，信任度才会更高，更有利于咨询的顺利开展。在咨询前，学生可以根据咨询师擅长的领域、性别、年龄、族裔等提出自己的需求。在咨询中，学生可以随时要求终止和现有咨询师的关系，或者要求换另一个风格不同的咨询师来匹配自己的需求。最后，有些同学会担心自己的隐私在咨询师那里会不会得到保护。美国心理咨询师有严格的职业守则，除了极端状况下，咨询师必须严格为客户保守隐私，如果泄露了客户隐私，是要承担法律责任的。

看完这些以后，你学会了打开美国学校心理咨询的正确方式了吗？

沟通是适应的"万法之源"

　　最近一个在美国读书的学生向我抱怨说，他在美国读书的日子迷茫而艰难，自己不仅在语言上无法和美国学生打成一片，在课堂形式和成绩评估标准上也感到不适应，虽然一直在努力学习，但是 GPA 一直难以提高。他每天都往返于校园和宿舍两点一线，时常感到压力重重，情绪低落。我非常能理解他们现在面临的困境。那究竟是哪里出了问题呢？

　　该学生在去美国之前已经有了较高的标化成绩，但对自己的语言部分还是不怎么自信。到美国之后，他和人沟通也还算顺畅，但总是担心自己在课堂上漏掉什么或者听错了什么。也许是在体制内的学校读了太久，所以刚开始的时候，他也秉承着不会就努力学习的原则，每天都埋头苦干，默默坚持着要"好好学习，天天向上"，恨不得每次上课都带上录音笔录下来，回去再慢慢逐字逐句地研究。一下课这个学生就冲回家写作业，然而每次却总是压到 deadline 才提交。这导致他平时既没时间也不好意思和其他同学交流，而且总觉得自己被 deadline 追着跑，凌晨睡觉已经变成了很平常的事情。即便他这么努力，学期结束还是非常悲催地拿到了一个 C，他顿时觉得前途好黑暗，这样的成绩让他感到绝望。

　　事情的转机发生在一次汽车出了故障之后。到美国之后，对于汽车没有什么认知的这个学生，一直为了如何修车感到困扰。一次听到几个同学在谈论修车，他就加入了聊天的行列，并接纳了他们的建议，去学校不远处的一个华裔开的修车铺碰碰运气。就这样，困扰了他很久的汽车问题，在这家不起眼的小店里花了不到100美元就轻松愉快地解决了。**在这样一次和学习并没有太多关联的成功经历之后，这个学生突然发现，和同学多沟通、交流可以得到很多有帮助有价值的信息。**

　　于是，这个学生开始尝试每次上课的时候早点去，下课之后晚些走，和周边的同学多一些相处交流的机会。他很快发现生活变得容易多了。同学们绝大部分都是非常友好的，交流的主题从学习到衣食住行方方面面都会涉及。**他发现，沟通不仅帮助他获取和交换了更多有价值的信息，为他提供了很多便利以及节约了很多时间，更是开阔了他的视野，提高了他的自信心。**

　　让这个学生印象深刻的是一次小组项目的作业，他和两个美国男同学一组。在分组之后，两个男同学很绅士地告诉他，因为他不是当地人，所以他们觉得，可以由他来选择他们这个小组的题目和方向，找他相对熟悉的领域。这对于当时对自己的语言能力信心不足的这个学生来说，真的是个很好的提议，感觉心理压力一下小了很多。他回去查阅资料，选定了自己比较熟悉的课题之后，和大家讨论接下来需要做的工作。由于是自己熟悉的内容，又有一些事先的准备，在讨论的时候，他突然发现，原来自己可以说得很顺畅，能很好地表达自己的想法。那天，3个人在讨论室里畅快淋漓地沟通了一个下午，这个学生的想法中的很多亮点也得到了其他两人的支持，这给了他很大的信心。与此同时，美国同学的发散思维，丰富开阔的想象力以及新奇的想法也让他叹为观止。那次的作业在大家的合作下圆满地完成了，并得到了教授的好评。整个过程中他的感觉都很好，完全不同于以前仅仅是为了应付作业才去做的那种感觉。**通过和他人积极地沟通，他不仅对于课题有了更深刻的理解，而且与他人沟通交流的意识和决心也大大地增强了，同学之间的关系也更密切了。**

　　意识到与人沟通交流的重要性，有了与人交流的强烈意识和决心后，这个学生越来越喜欢在上课前就早到教室去自习。这样不仅可以增加和同学们交流的时间和机会，让同学之间的关系越来越密切，还可以锻炼自己的表达能力，让自己变得善于表达自己的想法。**于是，课堂中的各种讨论也不再是他的"死穴"。他甚至开始喜欢并期待在课堂上、课间和同学、教授的各种交流。**渐渐地，这似乎变成了一个越来越好的良性循环。

在和各种同学的交流中，这个学生了解到了很多的信息，比如可以怎样申请课程的 waiver，又应该怎样准备材料。于是在同学的建议和热心帮助下，他在假期就准备齐了材料，约谈了教授，很顺利地拿到了两门数学相关课程的 waiver，直接节省了6000美元以上的学费，还缩短了完成毕业要求的学分的时间！那时候这个学生已经很适应学习的节奏了，还主动在一个学期中多选择了一门课程，给自己加压，从而直接提前一个学期达到了毕业要求。回想那一年多，这个学生感慨万千。一开始，只选择学校要求的3门课（9学分）都感觉很吃力，每天晚上熬夜，疲于应付，还是没法拿到满意的成绩。到后来，感觉越来越轻松，越来越得心应手，喜欢和同学交流，也喜欢在课堂上和教授互动，课后还经常预约教授的时间去提问、讨论。最后，一个学期修了4门课还觉得游刃有余，4门课中甚至有传说中压力、难度都最高的"six-sigma"，还是依旧可以把成绩保持在 A 或者 A-。

● 中国学生抗拒交流沟通的原因

不少中国学生避免和美国同学、教授交流的深层次原因并不是英语水平不够好，也不是文化隔阂导致的没有共同话题，更多的而是来源于自己缺乏沟通意识以及"走出去"的心理压力。有些留学生来到美国校园后，依旧延续着国内体制内的学习方法：认真听课，一丝不苟地完成作业，奋力考试，对分数"锱铢必较"，却缺乏和同学教授之间的互动，少了和他人合作互利的意识。面对外向型的美国同学和教授时，很多中国学生感到"胆怯"，不知道该如何打开交流的缺口，只能一味地找"借口"："我英语口语不好，担心别人听不懂而在背后耻笑我。""美国人的文化我不懂，没什么共同语言。""不和他们聊我不也好好的？"

和这个学生在同一个课程的另一个中国同学，因为始终独来独往的，很少和同学交流，吃了不少亏。分组的那堂课他请假没来，居然完全不知道自己被分到哪个小组，也没有组员通知他，于是就完全没有参与这项作业。到了期末的时候，因为他没有参与，甚至没有小组项目的成绩。

另外，还有的中国留学生因为平时抗拒和教授、同学沟通，在之后的申请中需要推荐信时，连连碰壁。当他"理所当然"地向教授提出推荐信的要求时，教授告诉他："由于我们平时课上课下都缺少互动交流，我和你并不熟。我并不了解你是怎样的学生，所以我无法为你提供推荐信。你应该去找一个了解你、熟悉你的人来写。"同学十分失望，非常悔恨自己平日和他人的沟通交流意识薄弱，只能自食其果。

● **给学生的建议**

不少留学生都会经历这样一个迷茫的阶段，该阶段对于不少学生来说是十分艰难而忐忑的。遇到困难时，很多留学生并不倾向于通过和他人沟通来求助，也不善于利用身边的资源。其实，只要我们努力尝试走出教室和宿舍那样两点一线的生活，更加积极主动地融入留学生活中，愿意和同学、老师沟通，那么你会发现，整个留学生活会变得轻松愉快，而生活也不再是那么压力重重，而是充满了各种乐趣。你也可以从周边人的肯定中获得更多的自信，实现留学美国的华丽蜕变。

我们不仅需要增强沟通交流的意识，同样需要知道向哪里寻求帮助。比如说，当我们遇到选课或课程上的麻烦时，可以求助于学校或者院系设有的专门帮助学生的办公室。这些部门会有 advisor 帮助学生解决选课、课程方面的问题。不少留学生喜欢自己闷在房间里，对着一长串不甚明白的课程名字来决定下学期的课表如何选择，甚至作出一个可能会让自己下学期痛苦万分的选课决定。

另外，不论是中国的同学、美国的同学，还是其他国家的留学生，大家其实都很 nice，都非常乐意帮助人。在和其他学生接触过程中，他人的想象力和发散性思维经常能给你带来新的视野。另外，在和别人沟通的过程中，也更可能让别人看到你的亮点，也许在你没有觉察到的小角落里，有着属于你自己的光芒，只是一直被忽视了而已。希望通过这个章节，能让我们的学生意识到沟通交流的重要性。

Part

4

在选择中持续探寻自我

　　智慧总是指向同一个目标：认识自己。留学的几年转瞬即逝，除了毕业证书和一堆照片之外，孩子在留学中还收获了什么呢？有的家长满意地说，孩子比出国前变得独立了；有的家长很欣慰，说孩子的精神状态更阳光自信了；也有的家长不知道是好是坏，因为他们孩子的思维方式"西化"了……

　　事实上，大部分的孩子在留学结束之后回望，都会将留学作为一个探寻自我的旅程。在这条路上，他们更多地倾听自己的内心，更清晰地建立起了自己的世界观、人生观和价值观体系，更明确了自己为何而选择，选择什么。

"玻璃心"解决不了敏感的歧视问题

　　很多即将去美国留学的同学和家长们，特别喜欢问的一个问题就是：
"美国人歧视我们中国人吗？"作为一个在美国留学了7年，在西部、中部、
东部都长住过的中国人，仔细想想，这些年还真的没遭遇过有意的言语上
或者行动上的歧视。不仅是我，周围的同学朋友似乎也没有听说过有被歧
视的经历。在美国，种族歧视的语言和行为往往会遭受到严重的后果，每
个人都拼命在人前表现出**政治倾向正确（politically correct）**，生怕自己
哪里言语表达不当被扣上"歧视"的帽子，而且大部分受过良好教育的人
更是不会显露出这种"缺乏教养"的表现。

● **美式歧视的新形式**

　　美国是个没有歧视的国家吗？当然不是。随着美国社会的发展，歧视
也改头换面，开始以新的形式存在。

　　（1）**隐性歧视（covert discrimination）**：微妙的、消极的歧视行为，

通常是很难被证实的，实际上，隐性歧视往往来源于对方潜意识的想法。 某个中国同学有次去百货商场买东西排队结账时，前一位顾客是名白人女性，和售货员（另一名白人女性）妙语连珠，两人谈笑风生，仿佛失散多年的老朋友。轮到这位同学付款时，售货员板着脸，一言不发，速战速决就结好了账。这名同学感到很困惑，不知道为什么会受到这样的双重对待。虽然售货员对她并没有恶语相加、表达出歧视的态度，但是这种冷淡的表现（和对待另一位美国客人的笑脸相迎相比）让她心里十分不舒服，怀疑自己受到了歧视。

（2）**无意识的偏见（unconscious bias）：每个人都倾向于认为自己是客观的、开明的，然而研究表明，每个人的价值观、世界观往往都会受到家人、朋友、周围环境的影响，所以我们对他人、周边的环境会产生无意识的、无法控制的偏见。** 美国心理学有项研究表明：在傍晚的街区上，有名女性在散步，如果身边经过的是白人小孩，她不会有什么反应，但当身边经过了黑人或者拉丁裔的小孩时，她通常会提高警惕，甚至把背包换到远离有色人种孩子的那一侧。当问到这样的行为是否是因为种族歧视时，她通常会强烈否认，但是却无法掩盖潜意识里认为有色人种是"不安全的""有犯罪倾向的"想法。另一项耶鲁大学的研究表明，当美国大学理科工科等领域选拔教授时，即便两份简历完全一样，男性教授的名字会获得更高的关注度和认可度，更容易得到面试的机会。即便女性教授最终被选拔，薪水竟也比同级别的男教授每月低4000美元左右！同样的，当问及是否对理工科教授的性别有偏见时，所有人都会否认，但实验结果却说明了其中存在的无意识的偏见。另外，我在哥伦比亚大学念书时，咨询心理学的系主任是一名印度女性。据她说，有一次，她母亲在美国即将登上纽约飞孟买的航班时，被航空公司的工作人员拦下来，反复确认她母亲持有的是否是头等舱机票，而其他同样是头等舱的白人乘客们，则完全没有被拦下检查。这再一次印证了人们无意识的偏见：与白人相比，印度人乘坐头等舱似乎是一件不可能发生的事。

（3）**微歧视（micro-aggression）：** 哥伦比亚大学的心理学教授德洛德苏（Derald Wing Sue）是微歧视领域的专家，同时也是我在哥大念书时的导师。他定义微歧视是**"在语言上、行为上和环境上的日常的、简单的、司空见惯的侮辱，无论是有意的还是无意的，向目标群体或个人传递了侮辱、轻蔑、有损人格的信息"**。在美国，针对美籍亚裔的微歧视通常表现在以下的对话形式："你英语真好，你是从哪儿来的？""我来自德克萨斯州。""我是说，你真的从哪里来的？"对于一个土生土长的美籍亚裔来说，因为英语好而被质疑自己的出生地不是美国，等于是被对方间接提醒：你不属于这里，你是外国人。另外，有些穿着入时的留学生会被人夸道："你好像日本人和韩国人呀，一点都不像中国人。"此时，被夸赞的人会心中窃喜，但也会默默地翻个白眼：中国人就等于没有品位吗？**近期，对微歧视的研究进一步体现在性别方面、阶级方面，还有性取向，等等。**当海外的女留学生靠自己独立装好了家具，解决了一些车子的小问题，搬运了一些重物时，总会有人跳出来用"女汉子"来称赞她们，仿佛独立、自主、强壮这些优秀特质只能属于男性，而当女性具备这些特质时，就被"升级"成为男性了。

● **留学美国，切勿"玻璃心"**

除了以上发生的情况，有些留学生也容易过度敏感，把微不足道的事情上升到种族歧视的高度。比如说，有些刚去美国的留学生，英语既不是特别流利，自己也羞于开口，只能眼巴巴地看着别的美国同学之间谈笑风生，打得火热。平时课上课下，往往美国同学和教授的互动更多更好。过于"玻璃心"的中国同学就会觉得：美国人是不是"歧视"我们中国学生？是不是既不愿意搭理我们也不愿意和我们玩耍？

其实，很多情况下，中国的学生们都表现得太过安静、内敛，甚至害羞了。如果你连开口和别人说话这一步都跨不出去——还不断心理暗示自己，认为别人歧视自己，不喜欢自己，怎么能改变这种情况呢？其次，很多时候无法和美国小伙伴愉快地玩耍源于文化和生活方式的不同。听过很多中国留学生抱怨，"橄榄球有什么好玩的，看都看不懂"，"美国人的party真无聊"，"美式笑话一点都不好笑，完全get不到他们的点"，等等。如果文化背景、兴趣爱好不同，即便同是中国人，也难以成为朋友，更何况还有种族语言的障碍呢？再者，有些留学生认为，对方"歧视"自己的原因很多时候出在自己身上。比如说，在原本安静的图书馆里成群结队地大呼小叫，影响其他人自习；或者在电影院里开着手机屏幕，影响他人观影；或者在路上开车"中国 style"，不守规矩；常年在餐馆付账时对小费极其抠门；又或者一群人在街上并排行走，挡住了他人的道路……这些不良习惯本身，才是招致白眼的主要原因吧。

● **关于"歧视"这个敏感话题，我们可以做些什么**

在美国，即便遭遇来自他人正面歧视的情况已经非常罕见，但并不代表隐性歧视、偏见、微歧视的情况不会出现。作为今日的中国留学生，我们更需要变得聪明、警惕和强大，并且学会用合适的方式维护自己。安娜·吉拉多·可尔（Anna Giraldo Kerr）作为 Shades of Success 公司的 CEO，擅长从文化创新的角度，提供领导力的咨询。她针对微歧视的有效处理提出来以下建议。

① **请首先保持冷静**

人们有时基于情绪产生的最初反应，并不都是最理想的，反而对自己会产生负面影响。做出令自己一时痛快的行为往往不但不能解决核心问题，反而会给自己的名声带来损失。如果能在这种情况下保持冷静，处理好自己的情绪，或者向支持你的人倾诉，有助于作出更理智的判断。

② **要求对方澄清**

在我们冷静下来之后，可以要求对方澄清刚才的表达。基于情绪的反应，往往不是最佳选择。要求对方澄清，我们可以有机会倾听对方的回应，并且有时间思考我们下一步的决定。如果马上把自己摆在一个受害者的位置，在这个环节里会立刻失去气场和力量。

③ **专注于事件本身**

把话题引向事件本身——尤其是事件经过、对方的言论和行为——可以减少对方的防御性。如果把事件演变成了和对方之间的人身攻击，很容易演变成对方身份——例如主流身份（majority）——和你的少数身份（minority）之间的力量对比，反而不利于处理好事件本身。

④ 对整个事件有清晰的认知

在这个过程中谁说了什么？谁做了什么？都有谁在场？你和对方之间的关系是什么？这是第一次发生，还是持续发生？对这些因素的了解，有助于我们对整个事件形成全面的评估，从而对下一步作策略性的打算。

⑤ 形成处理类似事件的有效方式

你经历的这些也许不会是唯一一次或最后一次。为了更好地应对，可以借鉴安娜（Anna）推荐的方法，尝试形成处理类似事件的方式，根据不同的场合制定有效应对偏见、微歧视的策略。最后，希望留学生们能摆正心态，不用"玻璃心"，在面对留学生活中可能出现的微歧视或偏见时，不要退缩，要勇敢面对，维护自己。

文化冲击一次还不够

当年，我站在纽约的十字路口，看着来来往往的路人行色匆匆，马路上的黄色出租车横冲直撞，肮脏破旧的街道在沉闷的夏天里更加死气沉沉，心中不免充满了失望和疑虑的情绪，这个看似国内二线城市的地方就是传说中的宇宙中心——"大苹果"？自诩在美国呆过5年，以为适应纽约不会有什么问题，然而第一年在这里的生活依旧给了来自美国西部二线城市的我一个下马威，并让我经历了一次严重的文化冲击。

● **文化冲击的几个阶段**

文化冲击是美国人类学家卡勒弗·奥伯格（Kalervo Oberg）提出的针对人进入陌生的环境之后产生的文化震荡现象。人们进入全新的环境时，发现周围的一切都截然不同，自己过去熟悉的经验都无法应用了，从而产生心理上，乃至生理上的不适应感。Oberg认为经历文化冲击有4个阶段。

❶   蜜月期或游客阶段

在这个阶段，你初次来到新的环境时，会像度蜜月或者游客一般，倾向于凡事只看积极的方面。大部分留学生初次来到美国，看什么都新鲜有趣，无论是西海岸壮丽的自然风光，还是东海岸有历史感的城市，都令他们无比着迷。而且认为美国人大部分彬彬有礼，生活秩序井井有条。学生们在这个新环境里，起初都觉得很愉快，这个阶段的微信朋友圈里，大家的主题基本都是晒新生活，基调都是兴高采烈、生气勃勃的。

❷   恼怒和气愤阶段

在这个阶段，留学生们和新环境的"蜜月期"消退了，开始慢慢看到环境中消极的那部分。很多学生在美国住了一段时间之后，逐渐对美国中餐水平失去了信心，"中国胃"开始反抗了。加上慢慢地开始和国内家人朋友因为时差、距离产生了疏离感，很多留学生开始觉得孤独了。另外，留学生开始意识到真实的美国社会并没有那么美好，依旧存在着各式各样的问题，再加上学业的压力、社交的压力等，很容易就产生了失望、焦虑和伤感的情绪。除了心理上的不适，还有同学会产生生理上的不适应，严重的还需要休学、回国调理。

❸   抗拒或回归阶段

在这个阶段，留学生们慢慢从"低谷期"中走出了，开始对美国文化有了更多的理解和接受，自己也能更好地调整状态，适应美国的生活。比如说，在纽约生活了一段时间之后，我逐渐不那么抵触了，开始适应这个虽然"脏乱差"，但是生活节奏极快、丰富多彩的地方。

❹   整合或同化阶段

最后一个阶段中，留学生们依旧会经常比较中美之间的优劣势，但是会从更现实、更理性的角度出发。大多数人在美国的生活变得更加有规律了，心情既没有初来乍到时的那种兴奋，也不会时常感到消极。对我来说，在纽约呆了一年之后，在纽约成了我生活的一部分：穿梭在这个多元的城市里，一切都感到那么熟悉，那么自然。当看到来自全世界的游客时，我能明显感到我与他们之间的不同，自己更像一个"纽约客"。

对广大留学生来说，好不容易适应了去美国以后的文化冲击，然而假期回国时，或者"海归"以后，又遇到了 reverse cultural shock。它又称**逆向文化冲击**，是指在别处生活多年以后回到家乡，遭遇了重新适应当地文化、价值观方面的困难。除了 Kalervo Oberg 提出的4个阶段，针对逆向文化冲击，其他学者又多提了一个阶段——回归或重新进入阶段（reverse or reenter stage）。在这个阶段里，很多留学生对于短期回国或彻底"海归"都抱有兴奋、期待的感觉。然而回来以后，发现现实和自己的想象还是有一定的差距，过去熟悉的种种变化很大，反而陌生了。对"海归"们来说，在国外呆的时间越长，回国后遭遇逆向文化的冲击可能越严重。国内的环境和国外的差异越大，适应起来就越困难，这也许是"海归"们回国以后首选大城市的原因之一吧。

● **逆向文化冲击的体现**

❶ **价值观的冲突**

美国大部分人都崇尚自由、多元的价值观，不会轻易批判别人。反观中国，大部分人倾向于以单一的标准看待自己以及周边的事物，对他人评头论足。当初我回国下了飞机，见到家人第一刻起，就不断受到来自我妈"一万点的伤害"："你怎么又胖了，以后少吃点！""对自己身材都不在意还算女人吗？""都二十多岁了，还不着急找男朋友！""什么年龄的人，就要干什么年龄该干的事，不然就是不正常！"刚回国的满满喜悦瞬间被转化成满腔的不满和委屈。西方的价值观强调了个体的重要性，教会了我接受自己，爱自己的不完美，并且尊重每个人相同或者不同的思想和选择。回到中国，单一的标准、价值观像一张网，让人窒息！在这里，你必须像其他人一样，走相同的路才是对的，和别人不一样就是你的错，就要成为异类。

② 男女地位的差异

两边文化对女性的看法也是不同的。在美国，大部分人不会对女性的"不完美"而品头论足，不会强行要求"什么年龄做什么事"，更加推崇独立自主的女性。而中国社会里，女性必须美丽、苗条，会打扮才能被认为是"合格"的女人，并且一定要走上结婚生子的"正确道路"，不然就会受到多方的压力，甚至歧视。在国内，女性提出要读博士，在学术上进行深造，或者追求自我实现，往往会被嗤之以鼻，认为这样的女性嫁不出去，而女性最后的归宿就是嫁个好人家。在西方观点里，这些"奇葩"观点是物化女性的象征。我们可以不美丽，不苗条，不打扮，但并不代表我们不是女人。我们可以选择结婚生子，也可以选择不结婚不生子。女性同样可以作各式各样自己喜欢的选择，"正确"的选择不由别人来下定义，而在于自己的内心需求。

除了这些方面的冲突，短暂或者长期"海归"的留学生们，还面对着其他方面的困惑。比如大部分中国人都无视他人的隐私，喜欢饶有兴趣地"八卦"别人；很多法规法则都只是"说说而已"，并不代表一定要遵守；人与人之间关系冷漠，对待陌生人如同仇敌；物价上涨，看什么都觉得贵；到处人满为患，大家还不习惯排队……

虽然经历了美国的文化冲击以及"海归"以后的逆向文化冲击，更多的"海归"却也能辩证地看待国内的优势，并且发自内心地赞叹国内日新月异的高速发展。记得刚回国的时候，行走于上海的街道和商场里，我发现中国并不是我想象的中国，简直高端大气上档次：和美国一样，大家随身只携带少量的现金，因为掏出手机，有支付宝就可以走天下；掏出地铁卡，几乎可以到达市里想去的任何地方；再不然累了，手机里有无数个打车 APP，很快可以叫到车，司机服务态度良好；需要购物时，手机打开各个电商的 APP，下单以后隔日送达不再是梦想，对比起来，还要交年费的美国 Amazon Prime 三日送达简直弱爆了！更不用提遍布大街小巷的美食了！回国以后仿佛要补上这些年欠的美食，完全吃到停不下来！我在回国后的一段时间里，接待了不少从美国短期回国的同学，大家都纷纷赞叹中国当前的发达和创新，以及人文素养的提升。现在看来，选择回国还是不回在大多数留学生看来不再是一边倒的结果。

● 如何应对文化冲击

在这样一个多元的时代，无论是学习还是工作，在国内还是国外，人们遭遇不同文化是无法避免的。进入新文化的初期，心理上，甚至生理上的不适应都是难免的，那怎么样应对融入其他文化而产生的冲击感呢？首先，事前多作一些对当地文化、生活状态的了解。当你知道自己预期的是什么，就能更好地作准备，有效地避免落地后的"两眼一抹黑"，从而调整好心态，减轻来自未知的文化冲击。很多留学生在进入美国校园之前，往往都有丰富的出国游历经验，或者通过网络媒体对当地的文化有了一定程度的了解，所以不太容易遭受巨大的文化冲击，适应起来也更迅速。

另外，我建议留学生们保持开放、积极和包容的心态，在陌生的环境中不要封闭自己，要多多参与诸如学校、学院、社团组织的活动。这样不仅能加深对当地文化的了解，还可以结交更多的小伙伴。在新的环境里，这也更有助于顺利地度过留学阶段的初期，并且早日适应新环境，找到适合自己的生活状态。

"潜伏"在留学中的偏见

如果偏见是真实的，就不叫偏见了。

——丹尼尔·托什（Daniel Tosh）

　　我们生活在一个偏见、刻板印象无处不在的时代，很多人都对这些现象习以为常，并不觉得有什么不妥。比如，在国内，周围人常见的偏见有：女孩子数学不如男孩子好，理科都是男生的天下，女生只适合文科，等等。再比如，很多人都认为月亮还是外国的圆，什么东西都是美国、欧洲的强，等等。

　　到了美国以后，我发现这些刻板印象、偏见并没有消失，只是换了内容而已。比如，大部分美国人都认为亚洲人的数学无敌地好：以前在我本科的数学课上，经常会有同学跑来问我数学题，仿佛我的脸上写了"我是亚洲人，我数学很好"的字样。另外，除了非亚洲裔的同学喜欢和我讨论数学题，有些类似于 ABC 的美籍亚裔同学也喜欢来找我讨论数学问题，好像默认越偏"亚洲"的人数学越好，这时常让我这个数学成绩很一般、却还要强撑着的人感到压力很大。类似的情况还有很多。比如很多美国人认为：亚洲同学成绩很好都是学霸；亚洲人尤其是亚洲女人开车技术堪忧；亚洲同学都很害羞，不爱讲话；还有就是中国人不挑食，什么都吃。对我们的留学生来说，去美国之前，对美国的认知也存在很多误区，比如：在美国只能吃到汉堡、比萨饼和牛排；美国人都很单纯，钩心斗角的事情几乎不存在；美国人对待感情都很随便，但是结了婚以后往往离婚率很低；再或者美国枪支事件频发，是个危险的国家；等等。

● 偏见的起源

很多时候，这些先入为主的认知来源于无知，来源于缺乏对信息的全面了解。那么这些刻板印象、偏见是如何形成的呢？斯坦福大学心理学教授阿尔伯特·班杜拉（Albert Bandura）的社会学理论表明，我们形成的这些刻板印象和偏见，大多来源于父母、身边的朋友，甚至还有媒体的宣传，渐渐地，这些在我们心里就等同于事实了。

● 偏见的益处

人们往往喜欢、需要并且想要对周围的人和事物进行分类，而对人群的分类容易导致偏见的产生。事实上，偏见也是有一些益处的。**（1）偏见能更快、更有效率地让我们作出反应。**每当我们接触到新的事物、新的个体时，我们不需要再重新了解它并形成对它的印象，只需要采用对这些个体所属群体的已有信息就可以了，这节约了时间和精力。比如说，以前我在美国大学食堂打工时，发现女学生往往被分配去准备食材、点单、结账，而男学生通常被分配去做对体力要求高的工作，例如搬运厨房的重物等。这样的分配结果来源于管理人员对男女的不同印象：男同学体力较之女同学更强壮，所以适合去做对体力要求高的工作，女生做事更细致，所以通常被安排去做琐碎一点的工作。有了这样已经存在的印象，对新来的员工可以更快地分配工作内容，而不需要管理人员再花时间和精力对新来的学生员工进行了解和测评。**（2）可以用已存在的对群体的刻板印象去理解、预测个体的表现和走向。**比如说，在美国的很多中国留学生选择了计算机专业，并且毕业后有着高薪的工作。我们就可以依照已有的计算机专业同学的学校背景、专业排名、个人成绩、就业趋势等因素去了解、预测某个要去美国就读计算机专业的同学的申请结果、将来的工作情况和发展前景等。**（3）把自己的类别（in-group）和其他类别（out-group）区分开，提高自己的自信心。**在 TED 的一期关于"成见和偏见"的讲座中，耶鲁大学的心理学教授保罗·布鲁姆（Paul Broom）认为，自然情况下，人们倾向于划分群体，并产生对不同群体情感方面的偏见。这样就导致人会做出有利于自己类别的事，而敌视，甚至做出毁坏其他类别的行为。比如说，留美的学生和留英的学生之间互有偏见：留英的学生认为，去美国的学生都是想通过留学移民美国，而且穿衣品位堪忧；留美的学生认为，去英国的留学生大多来自富裕家庭，学习不够用功，出国只是为了镀层金。这些偏见导致两方都认为自己更胜一筹，自信心得到极大的提高。

● 偏见的负面影响

当我们谈论偏见的起源时，以上的部分让我们意识到偏见产生的合理性，甚至优越性。那为什么偏见依旧"名声狼藉"，人们都倾向于消除它呢？

① 偏见让我们忽略了个体之间的差异

当面对一个新的个体时，我们往往在最初了解到对方民族、年龄、学历、工作等信息后，就对他所属的社会群体有了判断。这样的情况下，我们倾向于认为，社会群体的特点就等同于个体的特点，所以不再愿意去了解这个社会群体里个体和个体之间的差异。比如说，有报道称，美国某名校的教授拒收中国留学生读博，甚至中国顶尖的名校也上了"黑名单"。这位教授坦言，他接收过的几名中国学生都拿博士项目当跳板，目标其实是找高薪工作拿绿卡，一旦找到可以办理绿卡的工作，这几位中国留学生马上放弃了读博，从而让学校投入的经费、学费和导师的心血都白白浪费了，所以这位导师个人决定不再招收来自中国的博士生。这就是一个典型的因为偏见而导致的恶果。并非每个中国留学生都缺乏诚信，拿博士项目当跳板，但是当给整个中国留学生群体打上不诚信的标签后，学生和学生之间的不同就被忽略了。

❷　大部分偏见都是负面的

即便偏见可以节约人们的时间和精力，大部分偏见还是负面、有失公允的。在美国，虽然女性的地位在不断提高，认为女性不擅长 STEM——science technology，engineer，mathematics——领域和管理的偏见依旧存在。在 STEM 领域和公司的高层管理者里还是以男性为主导，尤其以白人男性为主。当一个女人具有领导力时，会被他人认为是 bossy，意思是专横跋扈；当一个男人擅长管理时，会被他人认为是有领导力的体现。因此，这些负面的偏见往往阻碍了弱势群体(包括女性、少数族裔)的发展，以及获得成功的机会。

❸　被有色眼镜看过，可能会导致消极结果

这种情况下，个体很担心自己的所作所为会印证已存在的偏见。在心理学领域里，有几个实验更好地印证了消极结果的存在。一个实验是让几名亚洲女性做数学题。研究发现：在做题之前，如果提醒实验对象关于她们女性的身份，这几名女性的数学成绩比实验对照组里的成绩要低；如果在做题之前提醒实验对象关于她们亚洲人的身份，做题结果比实验对照组要高。另一个相关的实验是把非洲裔美国学生和白人学生放在一起做数学题：当试验者宣布这次考试是对智商的评判时，黑人学生考试的成绩结果不如白人同学；当试验者宣布这次考试只是对目前所学的知识的测试，与能力无关时，黑人学生和白人学生的考试结果并无太大差别。心理学研究表明，这种情景下，人们往往担心自己会印证偏见，所以倍感焦虑和压力，因此导致结果不佳。

● **如何正视和消除负面偏见**

（1）承认自己的偏见。承认自己怀有的偏见，往往是正视和消除偏见的第一步。

（2）评估自己的偏见。每个人都或多或少存在着一些偏见，有些是显而易见的，而有些隐形的偏见连自己都未必能意识到。社会心理学中，哈佛大学创建了一种测量评估隐形偏见的工具（implicit assessment test，IAT），可以有效地测量你在不同领域（种族、性别、宗教等）的偏见以及级别。这些评估测量工具可以在网上搜索到。

（3）意识到自己在生活中存在的偏见，并逐渐去改正。有意识地去思考自己作出的选择、决定是否基于对他人的偏见和刻板印象。

（4）通过阅读、教育、旅行去开拓眼界，增长阅历。通过这些经历，走出自己的旧圈子，你可能会意识到一些偏见的来源。眼界的开阔和知识的增长更能有效地减少对未知的偏见。

甜蜜而酸涩的思乡

离家越久，她就越意识到哪里都不是家……但其实又处处为家。

——苏珊·欧布拉特（Susan Ornbratt）

　　家是什么？有些人认为家是自己成长的地方，不论它是一个小镇还是国际大都市；有些人认为家是父母在的地方，不论在天涯还是海角；有些人认为家是一种饭菜的味道，是只有妈妈才能做出的那一碗红烧肉；还有些人认为家是一种感觉，一种能让你舒适放松、不用时刻保持完美的感觉——在家里你不仅能穿着睡衣做早餐，甚至还可以不穿衣服走来走去……

　　如今，越来越多低龄留学生为了学业远渡重洋。无论是去美国念高中还是大学，远离父母，远离家乡以及熟悉的生长环境，都容易导致留学生们经历想家的低落期。很多学生刚到了美国校园时，觉得什么都新鲜，从吃穿住到上课，从遇到的小松鼠到"干脆面君"，每天都能在朋友圈更新状态。然而，过了"蜜月期"，日子逐渐平淡下来之后，很多学生开始想家了：从考试失意到吃速冻水饺，从深夜孤独到失恋……种种不如意之事接踵而至，甚至很平常地翻到手机里关于家的照片都能够让人默默垂泪。最虐心的部分是"每逢佳节倍思亲"，每当诸如春节、中秋节、生日这些本该家人团圆一起庆祝的日子，由于学校不放假，身在海外的小留学生们只能通过电脑电话和家人通话视频聊以慰藉，然后继续忙着写作业做 project。在我美国的同学中，连续五六年没回国过春节的人大有所在。

以前大学时有个同学，来美国以后就常常一个人闷在宿舍，不太和其他同学一起玩，大部分时间都花在和国内的小伙伴、家人联系上。往往还没放假，她就坐上了回国的飞机，有时甚至开学一周后才回美国。她坦言："美国挺好的，但是我想家，想爸爸妈妈，想家里的狗狗，想以前的朋友。等一毕业我就打算马上回国。"还有个同学在美国上完了大一后，由于太想家无法进行正常的生活和学业，身体一度抱恙，于是决定休学一年回国。这样看来，想家并不是一时的小情绪，处理不好甚至会给学生的学业和生活带来严重的负面影响。

● 从心理学角度看思乡

根据美国精神协会分类，思乡通常被定义为**"人们对远离家或者其他依恋的客体（例如父母）而产生的精神上的痛苦和焦虑等情绪"**。严重的思乡被归类在"伴有焦虑和抑郁症的适应性障碍"之内。**研究表明，在新的环境里，人们思乡的比例高达83%—95%，并且越年幼的孩子越容易受到影响。**离家参加夏令营或冬令营的青少年中想家的比例甚至会超出这个水平。我初中第一次离家去英国参加夏令营时，从第三天就开始疯狂想家，并且对离开家充满了悔恨之情。第二次在高中时，我又一次去美国参加游学项目，那时候就好了很多，直到第一周结束之后才有点想家。到了大学和研究生阶段时，我只会在逢年过节和家人视频时才会有点心里不好受。

研究还表明，在调查的学生中，20%的学生想家的程度处于中等至严重之间，6%—9%的学生则表现出强烈的想家，并同时伴有严重的抑郁和焦虑的情绪。**严重的想家还会让孩子产生社会、行为方面的问题以**

及绝望的情绪。在学术方面，青少年的想家问题往往还和缺课逃课行为、学业障碍、低自尊心、身体上的小毛病，甚至强迫症有一定的联系。研究还说明了思乡的比例并不受性别的影响，男生和女生想家的比例和程度没什么大的区别，并且不同文化中对思乡的定义也十分相似。那么对小留学生来说，该如何克服想家带来的负面情绪，并且快速适应美国的学术和生活呢？

● 面对想家时的选择

通过以上数据，我们会发现，远离家的时候，人们想念家、家乡、亲人和朋友是再正常不过的情绪。慢慢调整自己的心态，接受自己因为想家而遭受的负面情绪，并且努力适应新的环境也是每个人必经的阶段。一旦你掌握了这些技巧，就会更有效地适应将来可能出现的相似情况。

从正面、积极的角度去看待问题，走出想家带来的负面情绪，让自己变得更乐观也是人生的挑战之一。因此，转变自己悲观的心态，让自己变得更正能量，也给了自己变得更强大的机会。

利用节假日有效安排回家的计划。每个学期的节假日都是固定的，学生可以通过查阅 academic calendar 提早买回国的机票。然而，如果把每次回家都看作"救命稻草"从而逃避自己独自的生活，并不利于适应新环境。

和家人、朋友保持联系，并且选择适合自己和家人、朋友联系的方式及频率。过于频繁的联系（比如每天一次，甚至多次）只会加强你的孤独感，使你更想家。另外，可以尝试用创新的方法来和家人保持联系。我在大学的时候，有个同学的家长会定期给孩子寄国内的杂志，这位同学每次都表现出满满的幸福感，仿佛家人就在身边，和以前一样关心着她。另外，很多美国的学生都会在自己的宿舍、公寓里摆满家人和自己的照片，仿佛自己还在家，依旧被最爱的人环绕着。中国的留学生们可以借鉴这个方法，把自己对父母的思念和依恋转嫁到实物上，在自己的住处摆上和家人的合照，会有效减少孤单感。除了摆放家人的照片，学生们还可以尝试做一些在家里也会做的活动，比如唱某支歌，看某个节目，烧某种菜，来承载对家的思念。我本科的时候，有些中国同学还会定期凑在一起打麻将，依靠这种以前在国内的娱乐活动放松心情，减少想家的情绪。

关注自己的身体和情绪健康。注重自己平时的饮食均衡，锻炼身体，早睡早起等。观察自己哪些时候会变得情绪低落，特别想家，然后针对这段时间和情况来制定有效的提升情绪的方法。比如，和朋友一起参加娱乐活动，去最喜欢的餐厅吃饭，看一场喜剧电影等，从而逐渐建立健康的生活常规。这个阶段，切忌不要依赖酒精。虽然美国法律禁止21周岁以下人群饮酒，但是小留学生们往往能通过他人买到。很多人觉得酒能解决一时的情绪，然而科学研究证明，酒精属于镇静剂（depressant），不仅不会让你情绪好转，反而会让你更加低落，更加沮丧，并且过度酗酒对还在成长中的学生健康非常有害。

很多情况下，学生想家是由新的环境里缺乏朋友从而感到孤单寂寞而引起的。因此，克服想家的方式之一就是走出自己的"舒适区"，在新的环境里多参加活动，结交新的朋友来增加自己的社会支持，从而有效减少孤独感，有效地适应新环境。我大学时有个同学，即便身在美国，也只和国内的小伙伴互动。他每天下了课就坐在电脑前，仿佛校内网和跳动的QQ就是他的全世界。因为他不怎么和宿舍里的其他同学活动，所以在美国一年多了也没什么朋友。后来，他因为远离了国内朋友的实际生活，最终"跨国友情"也逐渐没落了。直到后来"找到了组织"，熟悉了身边的其他小伙伴，才慢慢走出低谷期。

如果上述这些方式都很难帮到你，你也可以借助学校的心理咨询服务。美国的所有学校都配备了咨询师，致力于解决在校学生的心理问题。如果想家严重影响到了你的学业和生活，不妨去和学校的咨询中心（counseling center）老师谈谈，这能有助于缓解负面情绪，制定目前的计划等。

● **给家长的建议**

家长要意识到孩子在国外想家了是很常见的现象。和寄宿家庭相处不好，和同学交往出了问题，吃不惯美国食物等，往往都会成为孩子想家的导火索。家长首先需要做的是控制住自己抓狂、焦虑的状态，以平静的心态和孩子通过聊天的方式了解想家的缘由。了解了原因之后，家长需要思考如何看待这种问题。比如说，有的孩子表示想家是因为在寄宿家庭里需要做家务（在国内的时候做惯了"甩手掌柜"），这让他觉得很痛苦。如果寄宿家庭的其他孩子都需要做家务，家长了解情况后，应该和孩子根据文化、标准的不同进行沟通，从而帮助孩子更好地适应。

有些情况下，家长的努力只是帮倒忙。小留学生离家后，家长们往往也需要习惯和孩子的分离，适应提前的"空巢期"。很多不适应的家长习惯在和孩子联系时表达出强烈的思念、激动的情绪等。这些情绪往往会传染给孩子，同时加重他们的想家程度。更好的做法是表达出对孩子的信任和乐观，比如，肯定孩子会成功适应新环境，获得有趣的体验。家长应当鼓励孩子去多交新朋友，尝试新鲜事物，并且来给自己反馈。

家长也需要提高自身情绪管理的能力，让自己的生活充满正能量，才能给孩子带来积极的影响。如果家长的生活出现了问题，孩子不仅无法在大洋彼岸专心学习，适应新环境，还要担心家里的情况。

除了孩子可以假期时回国，家长也可以在节假日时赴美探望孩子，与孩子一起欢度西方的节日或者一起家庭旅游。这样不仅有助于家长了解孩子在美国的学习生活环境，给孩子有益的引导，也让孩子觉得和家长的距离并不远。

保守抱团还是积极融入

　　送孩子出国后，很多家长最关心的就是孩子在美国适应得怎样，是否融入了美国校园生活。孩子放假回国后，亲戚朋友聚会时最热衷的话题往往也是"在美国适应得好吗"，"有没有融入美国主流社会呀"，甚至"想不想找个外国恋人"，等等。然而，随着越来越多的中国学生涌入美国的高中、大学和研究生校园，不少留学生适应美国的方式却是与其他中国学生"抱团"，并且几乎不怎么和美国同学交友互动。几年留学下来，这些孩子的中文水平更"溜"了，英文却依旧停留在"够用"的水平；这些孩子在中国同学圈里混得风生水起，和美国同学仅止步于课堂的"点头之交"。对他们来说，留学只是换了个国家来延续国内的生活方式而已，他们对美国文化仅仅是浅尝辄止，自己并没有因为留学发生太大的变化。

● "抱团取暖"的原因

　　大多数留学生家长都希望自己的孩子能融入美国社会，适应美国文化，成功留学，而不希望花了高额学费送孩子出国后，孩子依旧把自己局限在留学生圈子中，浪费了来之不易的留学机会。然而，**是什么原因让不少中国学生更倾向于"抱团取暖"呢？**

① 英文水平有限

不少留学生虽然英文水平足以应付日常和课堂需要，但和美国同学交流起来依旧处于"hard"模式，十分吃力，然而和中国同学在一起时，语言从来都不是障碍。英文水平有限是不少留学生"抱团"的直接原因。

② 文化差异

文化之间的差异体现在方方面面：关注的时事内容，思维方式，喜爱的音乐、电视剧、食物……甚至是笑点的不同，都让不少中国学生和美国同学之间无话可聊，只能止步于课堂。印象深刻的是，有一次和来美国不久的同学去看百老汇剧，有一处笑点让美国观众捧腹大笑，而那个同学完全没 get 到，只能尴尬地四处看看，嘀咕道："这有啥好笑的，美国人笑点真低。"

③ 缺乏开放的心态

心态决定了状态，如果缺乏开放、包容的心态，自然很难去勇于尝试新鲜事物，接受挫折。记得大学刚开学时，学校为新生组织了各式各样的有趣活动，比如"深夜超市大血拼""图书馆舞会""湖边徒步"等，新生们纷纷选择自己感兴趣的活动报名。我的一个中国同学看到这些活动之后，撇了撇嘴，表示这些活动看起来都太傻了，自己一个都不打算去。尽管我再三劝说她，参加这些为新生举办的活动是一个结识新朋友、体验美国校园文化的好机会，她还是拒绝参与，宁愿呆在宿舍里看综艺节目。

④ 缺少踏出"舒适区"的勇气

和呆在熟悉的中国学生圈子里相比，选择去融入美国文化生活从来都不是一条容易的路，需要你付出很多努力。你可能会发现，在某些领域里，你一无所知；你可能会遭遇他人的不理解，甚至嘲笑；你有时会怀疑，自己选择这样一条艰难的路，会不会是错误的。呆在"舒适区"里，你会被安全感和舒适感环绕着；走出"舒适区"，面对的则是未知和风险。

❺ 来自中国同学的"同伴压力"

有人的地方就有江湖。同样在中国学生多的学校，在同一个圈子中，不少学生都有"屈从组织"的压力：为了他人的认可去发展和其他留学生相同的活动爱好，或者去作他人认同、赞赏的选择。由于相似的背景而走进一个圈子的中国学生，最终也会变得越来越相似：选相似的课，申请相似的专业，拥有相似的经历，相近的"三观"，而越来越难以跳出去看看外面的世界。

● 积极融入，挑战未知

并不是每个留学生都会选择"抱团"这个简单的模式，有些孩子面对安全和未知的路时，会选择未知来挑战自己。

在美国的时候，我的同学 R 在大一期间就申请加入了兄弟会，这一度让其他中国学生感到惊讶又好奇。在大部分中国同学眼里，美国校园的兄弟会、姐妹会属于沉迷于 party、饮酒作乐的学生组织，和有着"好好学习，天天高 GPA"追求的中国学生毫无共同之处。另外，兄弟会基本都是美国学生的天下，几乎没有亚洲留学生的面孔出现，而大部分中国学生都更适应和本国的学生打交道。整个大学期间，R 和其他留学生交往并不频繁。从他活跃的社交网站照片可以看出，他在兄弟会期间十分如鱼得水，一会儿是和美国学生开 party，一会儿是去海地帮难民建房子，一会儿又去欧洲各国交换；而其他中国学生的照片，一会儿是在图书馆辛苦学习，一会儿是和其他小伙伴们聚餐吃火锅，一会儿是和其他中国小伙伴在美国的各个角落旅行。每次在校园里偶遇 R，他看起来都更加"美国化"了，讲的英文都几乎听不出什么中国口音。毕业后，R 通过朋友推荐进入了某著名投行，接着又转战咨询，后来又准备去念 MBA，身边朋友圈依旧多元化，连女朋友都是外国人。后来有一次偶遇，不由得聊起了他和大多留学生不一样的经历，讨论了这段不一样的经历给他融入美国文化带来的诸多优势。

R 告诉我，大学加入兄弟会的经历，对他融入美国文化乃至人生轨迹都产生了巨大的影响。在申请入会之前，他也曾犹豫过，担心兄弟会沉迷于 party 的文化会影响到自己的成绩。另一条路则是可以预见到的"安全"：住在宿舍里，结识几个美国同学，但大部分时间都和中国学生交往，有自由、灵活的时间泡图书馆，提高自己学习成绩，毕业之后继续用高 GPA 申请研究生或者找工作。然而，生性热爱挑战的 R 决定，不要走其他人都看好的道路，趁着年轻要选更具挑战性的途径：在未知中发现自己的潜力，锻炼自己的能力。既然付了高额学费出国留学，就要尽量让它成为"值得"的经历。加入兄弟会则成为他了解美国文化最直接、最有效的方式，从语言到美式思维方式，从了解到基本的民主的运作方式到结识了非常多志同道合的朋友，R 的"三观"和人生经历不断地被刷新着。虽然 R 接触了很多先进的西方文化，他却没有选择"照单全收"。而且因为担心自己会和国内脱节，他每年回国都会定期和国内的朋友交流，了解国内现状。

● 主动"融入"的优势

① 在新的环境里开阔眼界，深入了解西方文化

在美国这个新的国度，留学生的生活往往发生了翻天覆地的变化，各种新鲜事物都不断挑战着你的认知，为你打开"新世界"的大门。你会发现，在国内稀松平常的事情在美国人看来会十分不可思议，而在美国很正常的事情在国内也是闻所未闻。慢慢地见得多了，你会提升自己对不同事物的包容度和容忍度，认为世界本该是这么多元，这么丰富多彩。选择主动融入和了解，你不仅仅能看到表面上这些不同，更可以了解背后不同的深层次的原因，从而让你的留学不仅仅止步于校园里的知识，或不仅仅止步于美国生活中独特的经历。

② 提升自己作选择的能力

R 同学告诉我，在融入美国文化的过程中，他作选择的能力大大提升了。如果他一味混迹在中国同学的圈子中，学习和生活中的困难都可以求

助师兄师姐和周边的小伙伴；而选择加入兄弟会和美国人"玩"的他，遭遇的很多问题并没有"前车之鉴"，选择只能靠自己，甚至刚开始的时候，每天都要作大大小小的无数决定。这样的经历无疑锻炼了 R 作选择的能力和决断力。交谈过程中，R 分享了令我印象最深刻的关于作选择的"经验之谈"："如果有两种选择，一个稳妥，而一个未知，我一定会去选那条未知的，如果什么都按部就班、随波逐流，就太没意思了。"

● **给家长的启示**

对家长来说，想把最好的给孩子，让孩子在呵护下顺顺当当地成长是再平常不过的心理了。然而，家长无微不至的呵护，甚至事无巨细的包办，对孩子的成长未必是好事。一旦孩子走出国门，一个人面对陌生的环境和事物时，又有谁能帮他们思考，替他们作出生活中大大小小的决定，给他们独自面对生活的勇气和决断力呢？在培养孩子的过程中，家长应当停止事事"包办"的行为，"该放手时就放手"，着重于从小培养孩子作选择的能力，以及对孩子的行为进行鼓励和积极的引导。

毕业之后，是去还是留

　　每年临近毕业季时，对相当一部分留学生来说，留在美国还是做"海归"是个十分令人纠结的选择。往往作决定前，留学生们都会收到来自周围同学、朋友、父母以及网络上铺天盖地关于"去留"的各种建议。

　　近些年，"海归"人数越来越多，由中国与全球化智库发布的《2015中国"海归"发展报告》显示：从1978年到2014年，中国出国留学人数已经达到351.84万人次，回国人数达到180.96万人次。并且自2012年开始，回国人数出现井喷式增长：2011年是18.62万，2012年增长到27.29万，2013年增长到35.35万，2015年"海归"人数甚至突破了50万。

　　留下还是回去，关系着未来几十年的人生走向，每个留学生都试图找到最优方案，担心走错一步会让自己后悔。到底最优方案是什么？是更好的工作发展前景，离家人更近，还是更高的起薪？是更好更安全的生活环境，还是更熟悉的文化环境？曾长期在美国留学、生活，毕业后做了"海归"的我，采访了很多选择了"海归"或留下的"过来人"，让我们一起看看，在人生的十字路口，他们是怎么选择的。

● "过来人"的选择

小 A 在美国完成了本科和硕士后，找到了一份薪水待遇都不错的工作。然而因为父母都在国内一线城市生活，再加上自己的专业前景在国内发展更好，于是毅然决然放弃了美国的工作，选择了"海归"。对她来说，国内 offer 的薪水虽然不及美国，但是国内发展空间更大；而且家在中国，生活在中国对她来说更有安全感和归属感。

小 B 在国内完成了本科后，去美国念了硕士。在他眼里，美国空气比国内好，食品安全更过关，学术环境更纯净，完全是"天堂"。毕业后，小 B 顺利签了一家500强大公司合同，一跃成为中产的他毫不犹豫选择了留在美国。对于未来，小 B 并没有明确打算，但是他认为"至少拿到绿卡再说"。

小 C 在美国毕业之后，毫不犹豫选择了马上回国。他坦言：自己在国内家境富裕，人脉广。相比于在美国苦苦奋斗，自己在国内的生活更加舒坦。他对拿美国绿卡、成为美国公民也缺乏兴趣，完全没想过在美国生活一辈子。

小 D 毕业后选择了留在美国。多年在美国生活的他对国内的工作生活缺乏了解，几乎空白。他认为回国后需要再次适应国内环境，太辛苦了，想到"海归"甚至有点微微恐惧。他认为自己更适应美国的生活，选择了留下，并打算就这样按部就班地工作，抽签，申请绿卡。

小 E 在美国完成本科后，发现自己的专业找工作十分受限（因为外国人的身份），薪水发展也有限。考虑到国内优质 offer 的诱惑和丰富多姿的生活，他最终选择了"海归"。

除了以上刚毕业就作出选择的同学以外，还有一些人是在美国生活工作了一段时间后，因为各种因素再次站在了人生的十字路口。

小 F 毕业后选择了留在美国工作，然而由于工作签证 H-1B 没有抽中，OPT 又过期了，公司也没有海外分公司可以派遣他，所以不得不选择了回国。相比于以上"海归"的原因，小 F 的选择更加无奈。跟小 F 相似状况的还有不少，虽然连续几次都没抽中 H-1B 工作签证，但好在公司有不少海外分部，可以被外派到加拿大、澳大利亚、新加坡、英国等地。这不仅可以积累异国工作经验、增长见识，有些同学还间接升了职，薪水上调了。

小 G 原本就打算在美国工作几年后，积累一些经验再回国。随着国内企业的崛起，机会越来越多，而他在国外的生活，仿佛一眼就能看到退休之前的几十年升值空间的狭窄。因此，小 G 心里开始蠢蠢欲动。当他刷着微信，看到朋友圈内国内多姿多彩的生活时，决定即便拿到一个薪水低于美国的 offer 也愿意"海归"。

● 从心理学角度出发，如何作出好的选择

讲了那么多故事，你会发现每个人选择留下还是回去的原因各不相同。To leave or to stay，并没有什么唯一的标准答案。更重要的是：你要如何作出适合自己的选择。

美国心理学家、顶级文理学院之一的史瓦兹摩尔学院（Swarthmore College）的教授贝利·施瓦兹（Berry Schwartz）在研究选择时，发现一些好的选择通常包含以下步骤。

❶　弄清楚你的目标是什么

选择目标和作出决定的第一步通常是扪心自问：我到底想要什么？**通过确定自己想要什么，来逆向倒推现在应该作出怎样的选择，并且采取可以达到自己想要目标的措施。**有的学生更想要的是安逸的环境，安全的食品、空气和简单的生活。从这个目标倒推选择就会发现，美国更能满足他的目标，确立好目标后就可以为了留下而努力了。另一个学生更看重的是机遇和挑战，充满变数的未来，那么从这个目标逆向倒推会发现，国内的生活更符合他的期望，而美国能提供的职业发展相对平稳，对未来的可预见性强，那么学生接下来的行动就要朝着"海归"的方向了。这个步骤在作出选择时尤为重要。滑铁卢大学的心理学教授大卫·威尔驰（David Welch）在《决定，决定：作出有效决定的艺术》（*Decisions,*

Decisions : The Art of Effective Decision Making）一书中写道，**没有认真反思过自己内心需求的人，通常会作出糟糕的选择，因为他们连自己真正渴求的是什么都不知道。**

❷　评估支持每个目标凭证的合理性

在选择的过程中，你也需要收集支持确认每个目标的凭证，并且分析每个凭证的优劣。诺贝尔奖得主心理学家丹尼尔·卡内曼（Daniel Kahneman）和心理学家阿莫斯·特沃斯基（Amos Tversky）研究表明，**大部分人作决定时，会倾向于更重视道听途说的凭证，从而忽视了实际存在的凭证。**很多在美国呆久了的学生对国内的职场缺乏了解，接触到的信息大部分都是听别人说的。因此，我们需要更为理性客观地去评估每个目标的好与坏。比如，在美国留学生活多年的学生群体里，流传着国内社会关系复杂，在国外呆久的人不适合回国，会严重水土不服等传言。然而事实并没有那么"恐怖"，国内一线城市大部分公司工作环境虽然谈不上完美，但是和传闻中也相差甚远。再比如，很多家长会觉得美国职场是一片乐土，没有钩心斗角，不需要重视人际关系。和有关国内环境的传闻相似，这也是过度美化了美国职场。**在这种情况下，建议学生暑假回国时多积累国内的实习工作经验，在美国也多找实习机会。这种切身感受产生的记忆效用**（即人们在评估过往事件时所感受到的愉悦或满意程度），通过对比，有助于作出毕业后去留的决定，使其更为理性和可靠。

❸　评估每个选择能达到多少你的预期

当我们确定了自己想要什么之后，就需要看看不同的选择分别能达到多少我们的预期。**选择不分好坏，更重要的是看个人规划、对自我的认知等因素。**比如说，有些留学生作选择时不仅会为自己考虑，甚至还会为下一代作规划。甲同学希望自己的后代能从小就接触美国的教育，完全拥有美国人的思维方式和习惯，免受国内应试教育、奥赛的"毒害"，这样看来，只有自己留在美国工作生活才能容易地达到这个预期；而乙同学持有完全相反的看法，他非常反对下一代"不中不美"的状态，他认为，这将导致家庭关系可悲，他更希望孩子接受传统的中式教育，长大以后再出国深造，自然，选择回国生活更能满足他对下一代的期望。

④　调整你的目标

有时，已经作出选择的学生还会根据自己的目标所带来的结果调整原来的目标。比如，有个同学在美国工作了几年后，因为父母突然生病不得不选择了回国照顾他们。然而在国内工作了2年后，她发现自己对国内工作生活极度不适应，和回国前期望的完全不同：国内能提供给"海归"的平台不仅起点越来越低，同时处理人际关系还要耗费很多精力。最终，她作出了申请美国 MBA 的选择，打算再回到美国生活工作，或者拿到理想的国内 offer 时再次"海归"。这样的情况并不在少数，每个人的目标并不是固定不变的：你可以选择了先留下，但是也许有一天就"海归"了；你也可以选择回国，但是也许某一天寻找合适的机会再去美国深造工作了。

最后，总结一下常见的"海归"和留美的原因，如下表所示。

常见的"海归"和留美的原因

毕业之后回国的选择	毕业之后留美的选择
相比于美国，国内的生活丰富多彩	美国空气、水、食品质量更好
家人都在中国	美国收入普遍比国内高
中国经济发展前景巨大	美国人文环境更好
国内职业发展空间更大	美国生活更悠闲安逸
更适应中国的人际关系和文化	更习惯、适应美国社会的规则
就读专业在美国就业困难	另一半留在美国了
国内文化更契合	想拿美国绿卡
另一半回国了	有了美国的工作经验，回国工作更受优待

中国留学生作弊现象反思

　　随着中国留学大军在美国越来越庞大，各式各样的负面新闻也开始层出不穷。从打架斗殴到绑架同学，从违反交通规则到不遵守学术规范，现今的留学生们和以吃苦耐劳、刻苦学习著称的八九十年代的"老留学生"们相比，"画风"早已转变。据台媒报道，2016年5月时，在拥有近3000名中国学生的爱荷华大学爆出了百名中国留学生请人代上课、代考试等学术作假事件。这些行为严重违反了学校校规，导致部分学生面临被调查，甚至处分和遣返的结局。不仅如此，在近年来的 SAT、托福考试中，中国学生因作弊而被开除的新闻比比皆是。2016年6月的 ACT 考试甚至在开考前突然取消了韩国和香港的所有考场安排，并且拒绝重新安排考试，原因就是 ACT 官方收到了可靠消息，认为试题答案已经提前被买卖。

　　学术作弊在北美各大学校的留学生群体里其实很常见。《华尔街日报》对美国最大的十几所公立大学于2014—2015学年发布的数据进行分析后发现，和美国学生相比，国际学生更容易出现学术违规现象。**每100名国际学生中就有5.1人涉嫌作弊，而每100名本地学生中仅有1人涉嫌作弊。**《华尔街日报》调研了50所拥有大量留学生的公立大学，并针对本科生涉嫌违反学术诚信规定的情况进行了统计，虽然大部分学校表示并没有此类信息，仍旧有14所学校提供了2014—2015学年的详尽报告。**几乎所有的报告都显示，留学生的作弊率是本地学生的至少两倍，最高的甚至达到了8倍。**

　　我在美国读大学时，有些课的作业会采用由学生带回家完成的形式，甚至有些考试也采用这种形式，允许学生在家完成或者网上自行提交，并不需要在课堂上当场完成。有些中国学生因此钻了空子，经常"结伴"写作业，甚至"结伴"考试。很多教授批改后发现，不少学生错的题目完全相同，网上提交试卷的时间、IP 地址也相同，于是渐渐开始取消这些作业或考试的形式（全部改为去教室里考试）。除此之外，北美大学里代写作业、代写论文，甚至代替考试的风气也十分旺盛，我也收到过不少类似的"垃圾邮件"和微信好友添加邀请，也听说过"不差钱"，但是往往都是对自己英语和学术水平不自信的留学生购买过类似服务。

下图是2014—2015学年北美14所公立大学里的国际学生和美国学生作弊的对比数据（每100个学生中的作弊记录），我们可以看到，代表国际学生的点远远高于代表美国学生的点。

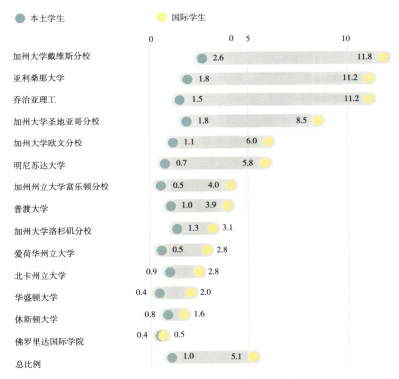

注：此图数据来源于华尔街日报的学校记录分析。且向华尔街日报提供数据的14所大型公立学校中，国际学生的作弊行为比本土学生更加频繁。

图5 国际学生和美国学生作弊对比

● **留学生作弊现象背后的原因**

① **美国大学盲目扩招下，留学生对学术诚信标准不明确**

根据美国国土安全部统计，在刚结束的2014—2015学年，美国就读本科的国际学生人数高达58.6万，而中国大陆学生就有16.5万。因美国大学近几年财政状况不佳，而国际学生所付的学费远高于美国本州学生所付的数额，所以，能够改善财政状况的国际生政策让越来越多的国际学生涌入了美国大学校园。美国大学注册和招生协会的国际教育主任戴尔·高夫（Dale Gough）表示："国际学生成为了美国大学主要的收入来源。"**接受采访的爱荷华大学教授表示，国际学生高比例的学术不规范现象是由他们不懂得或者不认同美国的学术规范条例引起的。**我们可以看到，在美国大学盲目扩招的背后，众多被录取的国际学生并没有对美国的校园文化和学术诚信制度有足够的了解，也缺乏主动融入的心态。很多中国学生随着"出国热"来到美国，缺乏明确的学习目标和规划，只是想拿个看着好看的文凭而已；而很多留学生父母送孩子出国是出于"攀比"心态，对孩子的留学目标和过程也没有清楚的认知。在不了解美国学术诚信的前提下，留学生们还沿袭着在国内的习惯，漠视当地的学术规则。

❷　中国学生对分数过于看重

美国教育心理学的一项研究表明，当学生对"结果"的重视超过"理解"时，作弊的行为会大幅增加。来自加州大学圣地亚哥分校的一名中国学生表示，中国留学生频频作弊是由于中国学生承受的学术压力过大，才不得不在追求高分的路上寻求"捷径"。2013年，普渡大学的一名中国留学生更因涉嫌侵入教授电脑修改成绩而被警方扣押，后被指控从2008年到2012年间，曾修改成绩高达8次，将7门F和1门D全部改成了A。然而学术压力过大以及对分数的高度追求，并不能成为作弊行为合理化的借口。明明有多种方式可以提高成绩，为何不惜违反规定，选取这种"不劳而获"的方式？更何况，这对其他认真努力的学生也极其不公平。

❸　所谓的"中美文化差异"

对于留学生"酷爱"作弊的现象，来自乔治亚理工学院的王同学表示，以前在中国只要不被发现，作弊一次关系不大。亚利桑那大学的教职员工表示，**已经努力向国际学生解释"学术诚信"的定义，但"学生们并不总是理解什么是'抄袭'"。**在美国，引用他人文章内容的时候，一定要在文中用引号标注，并且文后要注明出处，否则被视为"学术作弊"。中国学生很少在这方面接受过严格训练，导致不少留学生在美国会有触礁的现象发生，面对学校的处罚，觉得委屈之余也无可奈何。另外，很多美国老师会用专业的软件对学生提交的文章进行搜索，以监测学生有无侵犯他人的知识产权，一旦被发现，处罚相当严格。这只是学术作弊的其中一项规定，更多的规定务必在出行之前了解清楚，这个底线千万不可跨越，否则后果相当严重。

　　我们一个在美国念高中的学生，是一个"全 A 型"优等生。有一次，他的中国同学向他借作业"参考"，结果交上去之后，被老师发现他们错了同样的一题。这个学生本来还打算靠"义气"袒护同学，结果自己被关了禁闭，这门功课也拿不到 A 了，付出了惨痛的代价。另一名中国学生表示，美国和中国对于"作弊"的定义有着"概念上的差别"。中国学生常常会一起做作业，美国的教授虽然鼓励学生形成学习小组，但是作业最好还是要独立完成，而不是"借鉴"他人的劳动成果。普渡大学的发言人布莱恩（Brian）也表示，校方在大一新生入学时便会强调学术诚信的重要性："我们不接受所谓'文化困惑'作为不诚信的一个借口。"

❹　影响作弊行为的其他因素

　　不仅仅是中国留学生，美国本土学生作弊现象同样泛滥。来自俄亥俄州立大学的教育心理学教授埃里克·安德曼（Eric Anderman）研究作弊现象长达几十年。他的研究表明，在美国，75% 的学生都曾经在考试中作过弊。2012年5月，世界上享誉最高的哈佛大学曝出涉及多达125人的考试作弊事件，让人不由得对校园里作弊现象进行反思。斯坦福大学心理学教授卡罗尔·德维克（Carol Dweck）提出了"成长型的心态"概念，她认为，**相比于夸奖学生的智力出众，称赞学生付出的努力更能激励、促进他们成长的心态。**她的研究表明，强调过程中的努力会增强学生对学习的热情和对失败的容忍度；相反，如果夸奖学生智力出众，则会使他们减

少对未来风险的容忍：他们会更为担心考试成绩欠佳，倾向于通过作弊来
证明自己。

● **美国大学应对作弊的方式**

随着越来越多的作弊现象和花招见诸报端，美国大学也出台了各式各
样的应对方式。比如，为了确保是同一个学生来参加考试，很多考试进门
需要检查学生证；为了避免熟人坐在一起"互相帮助"，考场座位是教授
提前随意分配好的；为了防止邻座抄袭，同一场考试的试卷题目顺序也不
再相同，我见过某场考试有 ABC 3个版本试卷；为了防止学生中途在洗手
间作弊，有些考试不允许学生上厕所，如果出教室门就等于放弃继续答卷；
等等。另外，某些大学，诸如普林斯顿大学，文理学院里的哈维佛德大学
等，都有自己学校的 honor code，这意味着对学生有充分的信任，大部分
考试都是可以在多个学校提供地点，由自己安排时间去考试。然而，由于
中国学生爱作弊"名声在外"，很多执行 honor code 的学校很少招收国内
的学生。

一旦作弊被发现，教授往往会把学生的考试成绩，甚至整个学期的
成绩 fail 掉。最为严重的可能性是，教授会把学生的行为上报学校，由
专门管理学生不规范行为的部门来处理。轻一点的处罚会被学校警告，
但如果承认错误态度良好，并且在读期间不再犯，毕业以后这个记录会
被撤销，不会影响学生的将来。如果学生情节恶劣，有可能会被移交学
校法庭判决，严重了会被退学，遣送回国，甚至坐牢都是有可能的！希
望同学们事先了解在美国作弊的现象，以及被发现后的严重后果，去反
思自己的行为，思考自己留学的意义，学会对自己负责，努力认真地走
好留学生涯中的每一步。

女留学生：在美国走得更远

　　对每个女生来说，喜欢美国的原因都是各不相同的，但在某些方面，她们的理由又是惊人地一致：美国能为女生提供一个更加平等、多元和自由的环境。虽然美国不是完美的，生活环境和国内比起来也单调许多，但在生活方式、选择以及学术方面，美国更能让不少女生感到舒心：少了很多外界的干扰，多了倾听自己内心的声音的机会。在国内，女生往往被贴上各式各样的标签，比如"女汉子""理工科女""女博士"等，对女性有着明显的性别歧视。在美国相对宽容和友好的环境中，我们的女学生们反思着曾经在国内给女性贴的各种"标签"，并着手打破这些"标签"，逐渐实现自我蜕变，重新定义着自己的独特性，构建着自己的人生。

● 出国留学，让学生变得更独立

　　"以前在国内时，我什么都不会做，也不用我做。"小 M 是我们的一个已经去了美国2年的学生。在国内时，家里的一切事务都由妈妈料理，小

M 只需要"两耳不闻窗外事，一心只读圣贤书"。虽然快要成年了，但是小 M 看起来还像个初中生那样稚嫩。高中毕业后，父母决定送她去留学，小 M 去了美国一所公立大学，过上了自己"单打独斗"的生活。通过微信朋友圈动态，我们关注到小 M 越来越多的变化：第一次和同学共同租下了公寓，和同学"组队"去宜家购买家具，用工具组装家具，等等。小 M 父母还很担心女儿，试图联系自己在国外定居的老同学去帮忙，结果被女儿拒绝："同学之间都会互相帮忙，装家具没什么难的，工具到位了按着说明书做就好了。"从第一次去超市买菜，到学着"开伙"下了汤面，小 M 经常通过和妈妈视频来求教做菜技巧。暑假回国的时候，小 M 还下厨房给父母"露了一手"，做了整整一桌菜。从考取了驾照到买了自己人生中的第一辆车，出国前那个文弱的小女生变得"身经百战"。小 M 的父母对女儿的变化感到十分惊叹，夸她自立的时候，小 M 反而说，大家在美国都是这样的，没什么好夸的。

在美国，对于女性的期待和国内有很大的不同。在国内，很多人的观念里，认为女性是柔弱的，是需要被帮助和照顾的。女性对父母、对男性的依赖是一件很稀松平常的事，甚至很多女生还被鼓励去依赖他人。对比之下，美国人这方面的意识就淡薄得多：在作为女性之前，女人更多地是被看成一个人，一个独立的个体，和男性一样享有平等的个体。因此，女人被期待和男人一样拥有独立的能力。像小 M 一样在美国变得越来越独立的女生还有很多。通过她们，我们发现，独立性的提升往往伴随着自我意识的觉醒，女性内在的力量也就随之会被唤醒。女留学生没有其他人可以依赖，没有外在物质可以依托，只能相信自己的力量，相信自己的判断。

● **美国的女子学校带给学生的变化——如果没有条条框框，人们就自然而然地摆脱框架思考**

在我们的学生中，越来越多的家长会考虑把孩子送到美国的女校读书，认为美国女校的课程设置和理念更适合女生的个性和发展。虽然女校和混合学校有很大不同，但一个奇怪的现象是，当我们问一些在女校读书的学生，没有男生是什么样的体验时，大多数女生甚至都会告诉你，她们觉得生活没有什么不同。我们的一个女学生说："来到女校之后，我开始觉得男生能做的，女生也都可以做，没那么多条条框框了。"原来很多社会既有观念里，被界定应该由男性扮演的角色或者由男性承担的责任，在女校这样一个女性为主体的环境中，自然而然就被转移到了女性的身上。比如说，在学校的活动里，女生可以像男生一样去抬重物，去用工具修理仪器，时间长了，大家脑海中留存的固有意识（这些任务属于男生）也就会越来越淡薄了；在课堂上，女性会被鼓励去勇敢地表达观点；在学术上，女生被鼓励培养高度竞争的意识。

● 中国"理工女"在美国

"理工女"这个词在国内的文化里，通常带有一丝贬义。在不少国人的印象里，"理工女"逻辑思维强，不爱打扮，缺少"女人味"。同样是理工科专业，男生的就业和发展会比女生更好，所以国内的氛围中，对女生选择理工科并不是十分友好。然而在美国，对女生从事理工类专业的态度却是180度大转弯：不少大学都建立了女性工程类的社团组织，去鼓励女性更多地投入工程类领域。甚至在找工作阶段，女性工程师的身份会更加有优势。

从美国天普大学（Temple University）物理学博士生郑同学身上，我们可以看到"理工女"的自我认同之路。郑同学曾经就读中国科学技术大学少年班的物理专业。当年少年班一共有50个人，女生有10个，只有她一个女生学了物理。因为没有其他女同学，她觉得很孤单。当她走在物理系的楼里，看到两边墙上挂的都是老年白人男性的照片，还有"两弹一星元勋"之类的老年中国男性的照片时，她开始觉得物理学跟自己没有关系，也开始怀疑自己为什么要学物理。直到后来到天普读书。有一次，郑同学去参加美国物理学年会，大会有一万多人参加。会议期间有专门针对女物理学家开办的鸡尾酒宴会，郑同学在那里认识了很多很有魅力、对物理很有热情的女博士生和女教授。在学术会议上，有人穿得很精致上去作报告，也有人穿着夏威夷沙滩大短裤，很自由，没人在乎这些。在这个环境里，你不需要因为别人的期望去做任何事情，只要把学术做好就好，别人认可你，就行了。女性和男性一样，被鼓励学自己喜欢的科目。

美国采取很多措施鼓励女性从事科学技术行业（STEM），比如，美国物理学界定期会发布性别平等的报告，给出很多统计数据和非常详细的建议：如果想招到更多的女性工作者，你应该做什么，如果你是系主任，你应该做什么，如果想招到更多女性本科生，你应该做什么，等等。在开完会6个月之内，会向系里或者机构负责人写信督促政策的落实，下一年再去回访。在美国的学术领域，越到高位，比如正教授阶段，女生就越少。职位越高女性越少的现象被称为"管漏现象"（pipe leak effect）。意识到这个问题之后，美国学术政策开始向女性倾斜，比如招助理教授，在资历相同的情况下会优先录取女性。反观中国，政策层面上几乎没有提出任何解决这一问题的办法。改变学术"管漏现象"，不但要向大众宣传鼓励女性学习理工科，从政策上也要作调整，这样做才能招到更多的女性。郑同学后来和一些朋友创立了一个叫"理工女"的组织，有微博和微信公众号，旨在鼓励女性从事理工科。如果你真正喜欢，就不要因为女性的身份而对走理工科道路有所犹豫。

● 如果你立志成为"女博士"，美国是更好的选择

在国内，女博士被看作除了女性、男性之外的"第三类人"。不少父母会认为，女孩子嘛，不要那么拼，读个硕士就好了，要那么高学历干嘛，耽误结婚生小孩。仿佛除了满足父母的期望，女生们对知识的渴望、学术的追求就不再重要。我在美国时的好朋友研究生毕业后，打算继续去念博士，这让她父亲忧心忡忡："博士毕业你都多大了？还找得到男朋友吗？"我只有帮忙做叔叔的工作："理工大学有很多男生，读书的时候也能找男朋友嘛。而且大学聪明、优秀的男生比比皆是，更符合她的期望了。"朋友爸爸这才放宽了心，同意女儿去追寻她的女博士梦。

如今，再多的障碍也不能阻止越来越多的中国女生去美国攻读最高学

位。美国不仅没有国内对于女博士群体的偏见，反而十分鼓励她们对于学术的追求、梦想的热爱。即便这条路走起来非常艰苦，不少女生也觉得是有意义的。简单说，如果你是一个不甘心被他人定义和评价的女生，这条路就会特别适合你，它会把你锻炼成一个有独立思想的、特别敢言、有能力的新女性。

　　我们的女学生中，已经有越来越多的人选择了留美这条道路，也在这条道路上成长、收获了许多。我们可以看到，出国的经历带给女性更多的是心灵上的成长和精神上的勇敢。在美国，不仅仅是女性，所有人都被鼓励走得更远：生活是由你自己定义的，你可以选择完全不同的生活方式，掌握生活的主动权。

乐观心态让留学幸福起来

　　"刚去美国的第一个学期期末，因为还不适应美国的生活，加上考试压力，我处于崩溃的边缘。在寒假前的最后一节经济学课上，当我从教授那儿得知这门课的成绩是 B 时，只觉得天昏地暗，泪如泉涌。一个学期全力以赴却拿不到 A ！教授非常担心我的状态，直接报了警。警车和救护车一起来到，警车大叔给我戴上手铐强制送我到市立医院。但当这位警察大叔得知教授报警的原因后，惊讶地和我说，'嘿，你知道吗，要是我儿子考试得了 B，我会给他买蛋糕庆祝。'到了医院，警察叔叔们把我送到候诊室，解开了手铐，和我说，'上帝保佑你。'医院没收了我所有的随身物品，我百无聊赖地蜷缩在候诊室的椅子上，开始漫长的等待。期间，我看到各色各样的人穿梭在这拥挤的候诊室里，有人不停地啃咬自己的手指甲，有人呆滞地盯着我很久很久，还有人怒吼着'这个世界要完蛋了'。整整10个小时过去了，到了凌晨5点钟才轮到我见医生。一走进去，四五个医生围着我问了好几个问题，最后神色凝重地告诉我，'你有抑郁症，并且有自杀和自毁倾向。你的学校非常担心你，你必须住院几天接受治疗。'于是，忍受了一晚上可怕的尖叫、怒吼以及奇形怪状的人后，我被绑在急救车上送去另一家医院。"

以上事件不是小说或电影情节，而是我们一个去了美国读书的学生的真实经历。

当我们的孩子历经千辛万苦，一路备考托福、SAT 等标化考试，参加有质量的活动并努力做出成绩，精心撰写修改文书，终于拿到 offer 到了美国后，一切都如意吗？为什么有些学生起点不高，却能在美国大学如鱼得水，而另一些学生却波折重重？

关键在于他们的心态，是积极乐观还是悲观消沉。

● 积极乐观的重要性

美国积极心理学之父马丁·塞利格曼（Martin E.P. Seligman）认为，**悲观的人常常认为造成挫折或失败的原因是永久的、普遍的，而且全是自己的错；相反，乐观的人具有坚韧性，他们把自己所面临的挫折看成是特定的、暂时的，是别人行为的结果。**乐观者遇到挫折后很快会重新振作起来，而成功时会继续努力，最终成为人生赢家。悲观者碰到挫折就会垮掉，很难东山再起，即便获得成功也不能乘胜追击，最终留有遗憾。

在《真实的幸福》（*Authentic Happiness*）这本书里，马丁·塞利格曼认为："积极情绪扩展了我们的心智视野，增加了我们的包容性和创造力；积极情绪使我们更健康、更长寿；积极情绪使我们拥有更好的人际关系。"

在《活出最乐观的自己》（*Learned Optimism*）这本书里，马丁·塞利格曼继续解释了为什么乐观的人生更精彩。比如，学业优良和乐观心态，以及不被挫折击败之间有密切的关系，因此乐观的孩子成绩会更好。很多孩子学习成绩不好，其根本的原因就是悲观。当孩子认为他无能为力时，他就不再尝试，他的成绩也会跟着退步。此外，马丁·塞利格曼提出，乐观帮助孩子在体育竞技中获得冠军，乐观的人身体会更健康，乐观的领袖得民心，并且乐观能为成功的事业奠定基础。

● **影响乐观的因素**

既然乐观如此重要，我们该如何让自己变得更乐观呢？与我们通常认为的不同，乐观不是积极性思考，也不是对自己说鼓励肯定的话，而是我们在遇到挫折时所用的"非负面思考"的方式。换句话说，要想变得乐观，我们需要改变具有自我摧毁力量的想法。

马丁·塞利格曼在《真实的幸福》里提出了一个快乐公式：H=S+C+V。H= 幸福持久度（happiness durability），也就是快乐指数，S= 幸福的范围（set range），C= 生活环境（circumstances），V= 可自控因素（voluntary activities）。简单来说，S 代表先天的快乐潜质，它对快乐的影响占比约40%；C 是环境因素，其影响约占比20%；V 是个人信念及思想行为，其影响约占比40%。研究表明，大约50% 的人格特质是由基因决定的，但是高遗传性不代表不可改变。有些遗传特质——如性取向和身高——是不可改变的，而其他遗传特质——如悲观、乐观——则是可以改变的。

根据这个公式，我们可以得出如下结论。

第一，虽然我们的幸福感约一半是基因决定的，但是我们还有另一半的掌控权。基因并不能主宰我们的快乐，我们可以通过后天努力获得幸福。

第二，个人意志比外在环境更能决定我们的快乐。

第三，快乐与否，个人能够改变的往往比不能够改变的还要多。

积极心理学的目的就是要教导我们，如何从思想开始争取自己的幸福。

● **如何培养乐观情绪**

一个人是乐观还是悲观，取决于他怎样解读生活中发生的不如意的事情。如果在不好的事情发生后，我们能有效地反驳自己的悲观想法，便可以改变自己受到打击时的反应，使自己变得更积极乐观。

我们以前的一个学生 T 在美国某高中就读。11年级结束后，她整个暑假都在上 SAT 培训班，目标是 Top30 的美国大学，SAT 的目标分数是2200以上。经过一个暑假的备考，T 的培训老师对她10月份的 SAT 也充满信心，因为各种模拟考试结果显示，她实现目标的概率非常高。可惜天公不作美，10月份 SAT 出分时，T 仍然只考了2000分左右。查到自己 SAT 分数的那一刻，T 再也承受不了这种打击，在宿舍当场痛哭流涕，惊动了她的室友和老师。心理老师马上对她进行心理疏导，开导了一个多小时才让她情绪稳定下来。

相信很多学生都有过 T 这样的经历。要想培养自己的乐观情绪，我们可以学习指认出自己的悲观想法，并通过跟悲观想法争辩去逐渐学会乐观。**通过学习一系列认知的方法和技巧，悲观者可以转变为乐观者。**马丁·塞利格曼建议用"ABCDE"（adversity，belief，consequence，disputation，energization）模式去反驳负面想法。

A（代表不好的事情）：以 T 的故事为例，经过这几个月的辛苦备考，我的 SAT 仍然只考了2000分。

B（代表想法）：我这么长时间地全力以赴都付诸东流。现在美国大学申请竞争如此激烈，把握提前批申请的机会异常重要，而10月份的 SAT 分数又决定我的提前批录取结果。凭借这个分数，我还能被前30的大学录取吗？

C（代表情绪后果）：我觉得很难过、很失望，而且我很惊恐。我质疑自己的学习能力，担忧大学的申请结果。

D（代表反驳）：或许我太过焦虑了。美国大学申请又不是只看 SAT 分数，毕竟我的高中 GPA 很漂亮，我的活动也出色。即便提前批没被录取，我还有常规批的申请机会，还能再次考 SAT。这次 SAT 没考好，核心原因是我太焦虑，导致自己临场发挥不好。我应该放松一下，下一次考试肯定会更好的，就把这次考试当练习吧。

E（代表激发）：我开始觉得好一点了。我可以和 SAT 培训老师沟通，看看我的问题出在哪里，再复习提高一下，同时调整我的申请策略，认真修改我的申请文书，以此弥补自己 SAT 分数的不足。无论怎样，我还是有很大概率被排名前50的大学录取的。

● 塞利格曼式幸福法

马丁·塞利格曼将快乐分为愉悦（pleasure）及满足感（gratification）。愉悦有很强的感官和情绪特点，纯粹是感官上的满足，不需要思考。而满足感则是完成一件喜欢做的事的感觉，这种满意会使我们沉浸在里面。比起愉悦，满足感能持续较久。**愉悦是生理上的满足，而满足感则是心理上的成长。**

马丁·塞利格曼在研究中发现，发挥自己的长处及美德是获得满足感的最好途径。因此，**我们需要做具有挑战性且需要技术的事情；要集中注意力；要有明确的目标；要能得到即时的反馈；要深深地投入到所做的事中；要有能够掌控的感觉；忘我，感觉时间就此停滞。**

亚里士多德（Aristotle）在2500年前就问过真正重要的问题："什么是幸福的生活？"

马丁·塞利格曼的回答是，找到并发挥自己的优势。他总结了六类24个优势。

（1）智慧与知识：好奇心、热爱学习、判断力、创造性、社会智慧、洞察力。

（2）勇气：勇敢、毅力、正直。

（3）仁爱：仁慈、爱。

（4）正义：公民精神、公平、领导力。

（5）节制：自我控制、谨慎、谦虚。

（6）精神卓越：美感、感恩、希望、灵性、宽恕、幽默、热忱。

有兴趣的同学可以上 https://www.authentichappiness.sas.upenn.edu/ 这个网站作一下优势问卷调查，找出自己的优势。

因此，与其沉浸在过去的挫折中，深陷自己的劣势和不足的苦恼里，我们更应该把精力集中在我们的优势上。我们应该从事擅长并喜欢的事情，在过程中获得满足感，进而提升我们的幸福指数。

不用"累死累活"，留学也可以很健康

　　以前在美国留学时，每当妈妈打电话问我怎么样，我都忍不住抱怨："最近学习好忙，事情好多，我要累死了！"我所在的华盛顿大学是 quarter 学制，1年共4个学期，而每个学期只有10周的上课时间，最后一周是考试周。在我的印象里，每个学期的大学生活往往只有第一周是轻松的，因为第一节课上教授会谈谈整个学期的学习计划、考核方式，做活动让班里的同学互相熟悉。当然也有不少教授第一节课就会表情凝重地宣布："我们本学期要掌握的内容很多，但是时间有限，所以我们从现在就开始进入重点吧。"过了第一周后，日子就开始马不停蹄地向前推进了：小测试，作业，论文，小组项目，考试一个接一个轰隆隆地向我滚来。每天抱着记得密密麻麻的日程安排本穿梭在教室、食堂、图书馆、教授的办公室之间，早餐午餐在食堂里胡乱地塞几口，晚上可能还要熬个夜。

　　有一次在心理学课上，教授讲到压力和管理方式时和大家开玩笑，说开学后大家都属于亚健康状态，很多人为了赶论文和复习考试而缺乏运动，顿顿吃泡面吃快餐，连个人卫生也保持得不好。听完之后，大家会心一笑，更让身为留学生的我笑中带泪。记得身边曾有同学抱怨过："我们每年花这么多钱来美国念书，为什么还过得这么辛苦这么累！"

● **留学生常见的"亚健康"生活方式**

❶ **不吃早餐**

很多学生选了很早的课，一起床就匆匆忙忙奔去教室，养成了不吃早餐或者早午餐一起吃的习惯，对身体健康很不利。留学的孩子身边没有父母督促，"怠慢"自己的身体是常常发生的。

❷ **缺乏运动**

尽管美国大学都配备了不错甚至豪华的健身运动器材，很多在国内没有运动习惯的学生出国后依旧不会去主动利用这些资源。运动不仅可以促进新陈代谢，保持身体的健康，塑造曲线，还能在学习压力大的时候起到减压、消除负面能量的作用。我最爱的运动是瑜伽和普拉提，每到期末考试期间，瑜伽课往往很冷清，但我依旧会坚持去锻炼，为身体和心理"减压"。

❸ **饮食不健康**

刚进大学时，周围的同学似乎都逃不过"freshman 15"的魔咒，"freshman 15"指的是，北美大学新生刚入校时由于吃太多高脂肪的碳水化合物（快餐，油炸食品），缺乏运动和睡眠而导致的增重。那时，我周围的小伙伴有不少因为大学食堂里提供的美式高热量食物而体重暴涨，满脸冒痘。还有不少同学偏好顿顿全荤，日日宵夜，在大学里自由自在地放飞了胃。

❹ **缺乏睡眠**

如果你想在美国大学里拿到一个不错的成绩，经常熬夜学习、赶作业，或者是抓紧复习考试是免不了的。考试周期间，大学的图书馆都改成24小时全天开放，学生们用各自的方式不知疲倦地"泡"在图书馆里：有参与小组讨论的，有埋头复习的，还有睡觉睡到桌子底下的。考试过后，学生们看起来仿佛行走的僵尸：眼睛底下青黑一片，唯一想做的就是和自己的床"永不分离"。

❺　负面情绪堆积

在异国他乡，留学生们需要完全独立地照顾自己的学习和生活，努力地去适应陌生的文化和环境。在这个过程中，负面情绪的产生是再平常不过的。然而，不少同学缺乏负面情绪的意识和处理方式，导致心理也处在"亚健康"状态。长此以往，给这些同学的学习生活带来了消极的影响。

●　在忙碌的留学生活中学会 Hold 住健康的生活方式

❶　建立强大的意志力和人生目标

强大的意志力可以有助于我们度过留学过程中的挫折、低迷、不顺的阶段。在陌生的环境中遇到困难时，坚强的意志力可以帮助我们克服消极的情绪，让我们冷静地分析，找到问题的所在，并且专注于去解决问题。有了明确的人生目标后，在遇到艰难困苦而迷茫的时候，我们依旧可以坚持向前走。

❷　努力争取充分的睡眠和休息时间、科学的饮食以及一定时间的锻炼

睡眠时间不够而带来的疲惫感，不仅会降低我们白天的效率，更会导致健康水平下降，体重飙升。在美国呆了一阵的同学，慢慢意识到高热量高碳水化合物的饮食结构给自己带来的负面影响，慢慢地有意识地去控制，并加强对水果、沙拉、酸奶、坚果等健康食物的摄取。

不少同学也开始慢慢形成去健身房的好习惯，无论是跑步、打球、游泳，还是做无氧训练，都对保持身体健康、缓解疲劳和压力有帮助。我们知道，美国的教育理念之一是希望学生能够成为一个完整的人。一个完整的人应该是生理和心理都健康的人。同时，美国的教育也是很重视体育锻

炼的，因为在美国人看来，体育锻炼可以锻炼出健康的身体、坚强的意志、充分的竞争意识、足够的团队合作能力，甚至还包括沟通能力的提高和领导能力的提升。在不少美国的大学里，从健身馆开始营业到结束，几乎每个时刻都有人，高峰的时间还比较拥挤，周末也大多如此。所以，运动和锻炼不但可以保持和增强身体的健康，也是适应当地文化和多交朋友的有效方法。

我们曾经有个学生，外形单薄，个子也不高，在国内上学的时候因为身体不够强壮，经常会受欺负。老师很担心，他到了美国之后，面对高强度的学习节奏，是否能够适应。因此，这个学生去美国之前，我们根据他的情况，建议他在保证充分休息和科学饮食的基础上，多多注意运动和锻炼。这个学生到美国后，开始加强锻炼身体。期间，他养成了固定的作息习惯，不仅白天保持高效的学习状态，晚上也获得了充分的睡眠时间。他还坚持去健身房做有氧运动，比如跑步、游泳等。当我们再和这个学生交流时，明显感到他越来越拥有积极乐观的心态。慢慢地，他开始在健身房塑型和增肌，想要变得更强壮，更 man，并给自己设定了"8块腹肌"的目标。隔了一年之后，当我们再见到他时，发现他不仅身材更健壮了，人也看起来更自信更热情了。他还计划竞选学校的学生会职务。

❸ 善待自己，关注心理健康，有意识地寻求调节手段

在美国这个对心理健康高度关注的国家，几乎所有的学校都会配备专业的心理咨询师，心理咨询师会为有需要的学生提供心理方面、情绪方面的咨询和支持。学生的心理健康除了专业人士的帮助以外，更为重要的是需要依靠自己来保持，因为最了解自己的还是本人，这对提高自己的心理状态和情绪的认知是大有益处的。当产生负面情绪时，我们不仅可以自身感受到，还可以通过各种手段去调节自己的情绪，例如向亲密的朋友倾诉，去运动，去做自己喜爱的活动等。

在美国，从高中开始，学习的压力会越来越大，很多学生会因为经受不了压力而出现焦虑、抑郁等问题，甚至还有极端情况出现。我们建议学生，出现负面情绪时，不仅要重视自己的情绪变化和心理状态，更要学会

调节自我的方法和向他人求助的方法，比如，每天晚上可以作一个当天小结，把当天残留的负面想法和负面情绪梳理一遍。和朋友、老师、家长及时沟通也是保持良好心理状态的好方法。

　　有一些学生比较内向，有些不开心的事情不愿意和他人交流，或者不善于通过和他人诉说等方式来消解自己的不开心。我们知道，美国对个人的隐私是尊重的，其不利之处在于，如果你有困难但却不寻求帮助，他人不会知道你有寻求帮助的需要，即便知道你有得到帮助的需要，若你没有主动开口，他人会默认你完全可以自己解决困难而不需要他的帮助。我们当然会尊重每个人的决定，可是从大的方面来看，一个人的成长的确需要一个过程，在这个过程中，的确需要得到及时的帮助。在此，我们建议学生，遇到自己解决不了的难题时，能够主动并及时地寻求帮助。有不少学生，在留学的过程中还与我们保持联系，其中有一些是处于青春期的学生。我们知道，青春期的学生可能会在和家长的沟通上有一些障碍，甚至会有家长越是关心、学生越是逆反的现象出现。当遇到不开心之事的时候，他们有时候会和我们联系，我们也很愿意提供专业的倾听，并且给出合适的建议。

留学是自我探寻之旅

你想过为什么要去留学吗?

"我爸说'海归'回国好就业,比国内大学毕业有优势。"

"我同学都出国了,所以我也要出国。"

"我去过很多次美国,我喜欢那里的氛围。"

"我念的是国际学校,只有出国这一个选择,美国教育又是最好的。"

在我们接触的家庭中,每个学生想去美国留学的原因都是不同的,每个家庭送孩子出国的期望也逐渐走向多元化。尽管不少学生在出国前的目标已经很明确,但也有不少去读高中或读本科的孩子并不知道自己想要什么或适合走什么样的路。甚至还有相当一部分打算去美国读研的学生,依旧只怀有"世界那么大,我只是想出去看一看"的想法,缺乏对自我的认知和对未来的规划。虽然说美国的文化鼓励学生在人生中不断探索,不断找寻自我,但如果这个过程花费了太久,我们该如何保证能更有效率地利用留学仅有的几年时光呢?

很多中国学生在中国的教育体制和氛围下成长,并不知道自己的兴趣所在，也缺乏涉猎各领域的经验。谈到未来，不少学生不知道自己未来想干什么，只能说出自己不喜欢什么。遇到这类学生，如何探知他的兴趣、需求，为他选出适合自己的专业，铺好未来的路，变得至关重要，因为这基本会改变孩子的一生。

● 理性分析适合自己的路

选择适合自己的路，你需要理性地去分析、去思考你的过往经历，你的兴趣爱好，你的梦想愿望。不少学生一上来就问："老师，你觉得我适合学什么专业？"或者问："老师，我不知道该学什么，你告诉我呗。"事实上，没有人会比你更了解自己，也只有自己能够对自己的未来负责。不少中国学生回想起自己的过往经历，不是太匮乏，就是太凌乱。谈到兴趣专长、梦想愿望，不少学生一片空白，缺乏自己的想法。刚到美国上大学时，我参与了学校职业中心举办的一次讲座。讲座中，老师让我们在空白的纸上写下个人经历的闪光点、兴趣特长、愿望。我努力地在大脑中搜索着答案，20分钟过去了，大脑依旧和笔下的纸一样空白，让我吓出一身冷汗。回想一下，以前在国内，兴趣爱好、目标理想大多是父母设定好的，至于"我是谁""我想要什么"，自己几乎完全没想过。后来，在专业选择、职业规划部分，老师给我们发放了MBTI、霍兰德职业兴趣测试等，帮助我们加深对自己的性格、职业兴趣的了解，也让我对未来的选择多了一份参考。

对我们的学生，我同样建议尽早去作这样的探索，无论是自己静下心来去思考，还是去寻求专业的老师帮忙，都是十分必要的。面对学生，我们的老师会用专业能力和经验帮助他们分析过往的经历、兴趣特质，从而给出适合他们性格特质的学术、职业的相关建议。

选择适合自己的路，你也需要理性地去分析需求和实际情况。在了解了自己的兴趣爱好、过往经历以及愿望的基础上，我们还需要理性地分析实际情况，看看是否能达成自己的目标。我们有一个学生，大学读的是政治，由于个人喜好，想申请金融工程研究生。然而他开始准备申请金融工程时，发现自己的状况和各学校对申请者的背景、学过的课程等要求相差太远，这条路变得十分艰难。如何调整兴趣、梦想和现实状况之间的矛盾并最终找到最适合自己的那条路是一道难题，却不代表不能实现。

我们曾经有一个性格十分内向的学生，听从了父母的建议，选择了金融专业。果不其然，在商学院众多 "social king and queen" 之中，他变成了最没有 "存在感" 的人之一。学院里的社交相关的活动一律不参加，他认为那种场合不仅浪费时间，还很无趣，宁愿一个人在家埋头自学编程和一些统计类的软件，或是独自研究股票。几年下来，这个学生没有任何与金融相关的实习经历，也没有参加过什么与商科相关的项目，甚至记不全同专业学生的名字。他第一次来找我们老师聊的时候，倾诉了很多，从他初中参加 C 语言编程大赛获奖，一直说到自己现在完全不知道未来要做什么，学成了一个四不像：去做计算机方向的工作没有专业背景，去做金融方向的工作又不适合。在老师的引导下，这个学生客观地分析了自己的优劣势，认清了自己不爱和人打交道的特质与金融专业并不合适。他虽然对编程十分感兴趣，然而由于自己的商科背景，以及计算机实习经验的缺乏，想要走计算机专业这条道路也十分艰辛。最后，我们的老师结合这个学生的特质、背景和现实存在的专业要求，为他选择了几个跨专业领域的方向，既符合他的商科背景，又能满足他的兴趣特长。最终，这个学生就读了其中的一门专业，读得顺风顺水，在美国毕业后的职业发展也很理想。

● 如何挖掘自己的内心，找到适合的方向

在准备留学之前，先想清楚自己要的是什么，以及留学是为了达到怎样的目标非常重要。我建议大家尝试一下我在大学职业中心课上做的小练习：在一个安静的环境中，拿出一张白纸，在纸上写下自己能想到的一切词语和句子。做这样的小练习，能帮助你更好地静下心来，倾听自己内心的声音，而不是一味跟随父母的判断，盲从周围人的建议。研究表明，相比于没有做过这个小练习的人，能够写下自己目标、愿望的人更有可能实现目标。如果实现这个目标的愿望足够强烈，就有助于我们获得内在的动力。当我们有了动力，我们就拥有了更多有力的工具，比如执行目标的勇

气、决心、坚定的方向感和克服困难的毅力，更有可能把目标变成现实。

那么父母的意见重不重要呢？重要，也不重要。我们对于自己的未来，自己要走的道路，要学会负责任。中国的父母大多会从功利主义出发，更关注眼前的利益，希望孩子能走一条好找工作、多金安稳的路，却忽略了孩子本身的兴趣爱好、适合方向。对于父母的建议，我们要思辨性地去分析利弊，不能全盘接受或否定。留学是全家的事，更是自己的事，千万不要把留学当作父母老师的责任。

当我们清楚了目标之后，我们的所作所为都是朝着目标前进。有的学生去美国是为了学习和了解西方的思想和文化，看看不一样的世界，那就应该选取更多的相关课程，增进了解西方文化的机会，例如住在当地寄宿家庭，加入兄弟会，杜绝和中国学生"抱团"等行为。不少学生去美国留学是为了职业发展，那就应该更多地去关注专业在美国的发展状况，目标学校在当地的就业情况，毕业生的去向，校友资源的丰富程度等因素。还有些学生一心回国发展，把去美国留学看成一段"镀金"经历，则更应考虑学校在国内业界的知名度、国际学生数量、校友人脉的积累等方面。有时我们的目标过于宏大，并且需要花费很长的时间。**为了达成目标，我们就需要把大目标分成一个一个精确的可实现的小目标，并且在不同的时间阶段达成这些小目标。**

在这条路上，我们并非能保持一直"不偏不倚"。当发现自己在过程中迷失了，离你的目标越来越远时，你需要停下来重新审视一下这条路，是否还可以通往你心目中的终点。我们甚至需要重新审视自己的目标，是否依旧是自己想要的，是否是可以实现的。对不少同学来说，专业的选择更需要谨慎。在本科阶段，所学的专业不一定决定性地会成为未来发展的方向，但在美国研究生阶段的深入学习往往更"专业"，更加预测着你在这个领域的发展。"选错专业"和"嫁错郎"几乎是一样可怕的。

● **达成目标的过程中需要避免的心理学"陷阱"**

有些同学会倾向于"想象"自己已经实现了目标来激励自己。然而最近的研究表明，这种提早的"想象力"有可能会起反作用。"美化"过的幻想通常预测着不尽如人意的成就，过度"想象"达到目标之后的美好场景，往往会让我们削弱精力，忽略过程中可能遭遇的困难。

另外，如果偏执于结果，过度迷恋"成败"而忽略了前进的过程，会严重损害我们的内动力和坚持力。心理学研究表明，执着于结果往往会导致人们产生"停滞心态"，而"成长型心态"让人们更注重过程中的努力因素。